高等职业教育**通信类**专业系列教材

5G 承载网技术

5G Bearer Network Technology

章杰侈 徐 敏 郑雪芳 主编

化学工业出版社

·北京·

内容简介

本书基于5G承载网岗位群需求，以项目化任务的形式编写，包含5G承载网组网规划、5G承载关键技术认知、5G承载设备安装、5G承载设备调试、5G承载网维护五个项目，覆盖了5G承载网规划设计、建设开通和维护优化等岗位所需的关键知识和技能。

本书注重理论和实践相结合，基础理论知识以"必需、够用"为度，突出岗位实践能力的培养，将专业技能训练贯穿教材始终。本书对接岗位工作流程，内容安排紧凑、条理清晰，语言通俗易懂，操作步骤详细，并配套微课视频（二维码）和测试题等，以加深读者的理解掌握。本书配套电子课件，登录化工教育网站可免费下载。

本书可作为高等职业教育通信类专业相关课程的教材，也可作为5G承载网工程技术人员的参考书。

图书在版编目（CIP）数据

5G承载网技术/章杰仸，徐敏，郑雪芳主编.—北京：化学工业出版社，2023.12
ISBN 978-7-122-44846-0

Ⅰ.①5… Ⅱ.①章…②徐…③郑… Ⅲ.①第五代移动通信系统-高等职业教育-教材 Ⅳ.①TN929.538

中国国家版本馆CIP数据核字（2023）第255704号

责任编辑：葛瑞祎　　文字编辑：刘建平　李亚楠　温潇潇
责任校对：杜杏然　　装帧设计：史利平

出版发行：化学工业出版社
　　　　　（北京市东城区青年湖南街13号　邮政编码100011）
印　　装：河北京平诚乾印刷有限公司
787mm×1092mm　1/16　印张11　字数275千字
2023年12月北京第1版第1次印刷

购书咨询：010-64518888　　　售后服务：010-64518899
网　　址：http://www.cip.com.cn
凡购买本书，如有缺损质量问题，本社销售中心负责调换。

定　　价：48.00元　　　　　　　　版权所有　违者必究

前　言

4G 改变生活，5G 改变社会，5G 网络已成为数字经济发展的重要基石，赋能千行百业。5G 网络由接入网、承载网和核心网三个部分组成，承载网作为接入网和核心网之间的信息传输"高速公路"，在整个网络中具有举足轻重的作用。相较于 4G 网络，5G 网络的 eMBB、mMTC 和 uRLLC 三大应用场景对承载网在带宽、时延、可靠性、同步和组网灵活性等方面提出了更高的要求。

4G 时代，承载网主要分为两个技术方向，一种是以中国移动为代表使用的 PTN（Packet Transport Network，分组传送网）技术，另一种是以中国电信、中国联通为代表使用的 IPRAN（Internet Protocol Radio Access Network，IP 无线接入网）技术。两种技术各有特点：PTN 基于 MPLS-TP 协议，在保护、同步、管理方面更有优势；IPRAN 基于 IP/MPLS 协议，在组网灵活性、网络自愈方面表现更好。

5G 时代，不管是 PTN 还是 IPRAN，均无法满足 5G 业务的承载需求，于是我国各大运营商在 4G 承载网技术的基础上，通过对技术的演进升级，提出了各自的 5G 承载网技术方案。中国移动联合中国信通院、中兴通讯、华为以及烽火通信等提出了 SPN（Slicing Packet Network，切片分组网络）技术方案，中国电信提出了 M-OTN 技术方案，中国联通提出了增强型 IPRAN 技术方案。随着 5G 网络的大规模建设部署，行业企业对 5G 承载网建设维护相关技术技能人才的需求不断增加，推动着职业教育通信类专业的课程体系优化调整，各大院校陆续增加了 5G 承载网相关课程。当前，SPN 技术方案在全球应用规模最广，因此本书以 SPN 网络为主线进行 5G 承载网技术的讲解。本书内容依据 5G 承载网建设维护岗位的典型工作任务和能力要求进行设置，遵循岗位工作流程，参考 5G 承载网络运维职业技能等级证书标准，将教学内容重构为 5 个项目，使读者掌握 5G 承载网的关键知识和技能，培养读者的 5G 承载网规划、建设和维护能力。

本书由章杰侈、徐敏、郑雪芳主编，章杰侈完成了全书的架构设计和统稿。项目 1、项目 4 由章杰侈编写，项目 2 由章杰侈、张勇博共同编写，项目 3 由徐敏编写，项目 5 由郑雪芳编写。本书在编写过程中，得到了南京中兴信雅达信息科技有限公司的大力支持，其提供了大量的工程案例和技术资料，在此表示衷心的感谢。

为了方便教师教学，本书配套电子教学课件，可登录化工教育网站获取。

由于水平和时间有限，书中难免存在不足之处，敬请广大读者批评指正。

编者

目　录

项目 1　5G 承载网组网规划　1
任务 1.1　▶ 5G 承载网组网方案认知　2
任务 1.2　▶ 5G 承载网规划设计　11
项目测评　14

项目 2　5G 承载关键技术认知　15
任务 2.1　▶ IPRAN/PTN 技术认知　16
任务 2.2　▶ SPN 技术认知　52
项目测评　69

项目 3　5G 承载设备安装　71
任务 3.1　▶ 5G 承载设备结构认知　73
任务 3.2　▶ 5G 承载设备安装准备　80
任务 3.3　▶ 5G 承载设备具体安装　86
任务 3.4　▶ 5G 承载设备线缆安装　98
任务 3.5　▶ 5G 承载设备通电检查　104
项目测评　106

项目 4　5G 承载设备调试　107
任务 4.1　▶ 单机调试　108
任务 4.2　▶ 系统联调　118
任务 4.3　▶ 基础数据配置　123
任务 4.4　▶ FlexE 特性配置　127
任务 4.5　▶ IS-IS 特性配置　131
任务 4.6　▶ SR 特性配置　135
任务 4.7　▶ L2VPN 业务配置　139
任务 4.8　▶ L3VPN 业务配置　143
项目测评　146

项目 5　5G 承载网维护　147
任务 5.1　▶ 日常维护　148
任务 5.2　▶ 故障处理　165
项目测评　171

参考文献　172

项目 1

5G 承载网组网规划

项目简介

5G 网络架构进行了颠覆性的重构,以满足 eMBB(Enhance Mobile Broadband,增强移动宽带)、mMTC(Massive Machine Type Communication,海量物联网通信)和 uRLLC(Ultra Reliable & Low Latency Communication,超高可靠性与超低时延服务)三大应用场景的业务需求,5G 承载网引入了全新的网络架构和技术方案。承载网规划设计是承载网建设的基础,设计方案的科学性直接影响网络的建设成本和性能指标,本项目我们将学习 5G 承载网的网络架构、组网方案和规划设计方法。

学习目标

知识目标

① 了解 5G 网络架构组成;
② 了解 5G 承载网性能需求;
③ 熟悉 5G 承载网分层结构;
④ 掌握前传、中回传组网方案;
⑤ 掌握 5G 承载网的拓扑规划方法;
⑥ 掌握 5G 承载网的容量估算方法。

能力目标

① 能够完成 5G 承载网的拓扑规划;
② 会进行 5G 承载网的容量估算。

素质目标

① 培养通信网络强国建设的职业使命感;
② 提升网络规划设计的严谨规范性。

任务 1.1 5G 承载网组网方案认知

1.1.1 任务分析

5G 采用了全新的网络架构,对承载网提出了一系列新的要求,5G 承载网的架构也随之发生了变化。本次任务,我们从 5G 网络架构出发,理解承载网在 5G 网络中的作用,分析 5G 对承载网的性能需求,重点学习 5G 承载网的架构组成和各部分使用的技术方案。

1.1.2 知识准备

1.1.2.1 5G 网络架构

5G 网络架构如图 1-1 所示,为了转发和处理一个完整的 5G 业务,一般需要经过三个网络,分别是无线接入网(Radio Access Network,RAN)、承载网和核心网。无线接入网指的是所有 5G 基站的集合,可将用户数据接入网络,为用户提供电信服务。核心网主要实现对业务的控制,包括会话管理、移动性管理、鉴权计费等,设备主体一般为服务器,其设备一般放置在一个省会或者地市的核心机房。承载网位于 RAN 和核心网之间,负责 RAN 和核心网之间的数据传输,类似于生活中的物流网络。承载网络由于规模巨大,需要覆盖到城市的每一个角落,因此又划分为接入层、汇聚层和核心层。

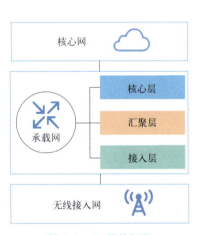

图 1-1 5G 网络架构

对于 5G 来说,无论是网络架构、网元形态还是网络部署,都发生了巨大的变化。在无线侧,CPRI(Common Public Radio Interface,通用公共无线接口)重新切分、DU/CU 分离,使得无线接入网演变成了 AAU(Active Antenna Unit,有源天线单元)、DU(Distributed Unit,分布单元)、CU(Centralized Unit,集中单元)三部分,根据业务的需求以及站点资源条件,无线侧的部署更加灵活。大部分网络设备包括核心网和无线接入网均都朝着虚拟化、云化方向发展,端到端的网络切片,统一按需的资源编排,使 5G 网络部署更加敏捷、智能、灵活。

(1)无线侧网络重构

5G 接入网由 4G 接入网发展而来,4G 接入网是由 BBU(Base Band Unit,基带处理单元)、RRU(Radio Remote Unit,射频拉远单元)、天馈系统共同组成的,如图 1-2 所示。

5G 接入网被重构为 3 个功能实体,分别是 CU、DU、AAU,5G 与 4G 接入网的变化如图 1-3 所示。

CU:将 BBU 的非实时部分分割出来,重新定义为 CU,主要负责处理非实时的无线高层协议。

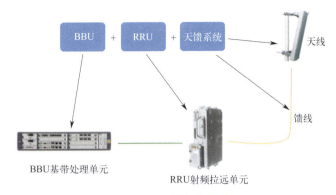

图 1-2　4G 接入网构成

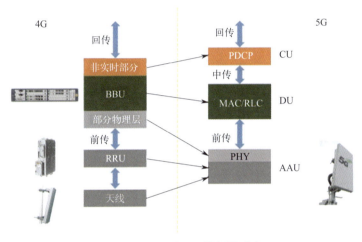

图 1-3　4G 和 5G 接入网对比

DU：将 BBU 的剩余部分（除去非实时部分和部分物理层）重新定义为 DU，负责处理物理层和实时需求的二层。

AAU：将 BBU 的部分物理层、RRU 及无源天线重构为 AAU。

5G 接入网之所以要拆分得这么细，是为了更好地调配资源，服务于业务的多样性需求（例如降低时延、减少能耗），服务于"网络切片"。接入网变成 AAU、DU、CU 之后，承载网也随之发生了巨变。

5G 接入网的网元之间，也就是 AAU、DU、CU 之间，也是通过 5G 承载网进行连接的。不同的连接位置，有自己独特的名字，分别叫作前传、中传和回传。AAU 和 DU 之间是前传，DU 和 CU 之间是中传，CU 和核心网之间是回传，这三个"传"，组成了 5G 承载网的架构。

工程中，DU 和 CU 的位置并不是严格固定的，运营商可以根据环境需要灵活调整，主要分为 D-RAN 和 C-RAN 两大类。D-RAN 是分布式无线接入网（Distributed RAN），C-RAN 是集中化无线接入网（Centralized RAN）。4G 时期，所谓分布和集中，指的就是 BBU 的分布和集中。5G 时期的分布和集中，指的是 DU 的分布和集中。这种集中还分为"小集中"和"大集中"，如图 1-4 所示。小集中部署模式下，DU 部署位置较低，与 4G 宏站 BBU 部署位置基本一致，此时与 DU 相连的 AAU 数量一般小于 30 个。大集中部署模式下，DU 部署位置较高，采用资源池的形式，通常位于综合接入点机房，此场景与 DU 相连的 AAU 数量一般大于 30 个。

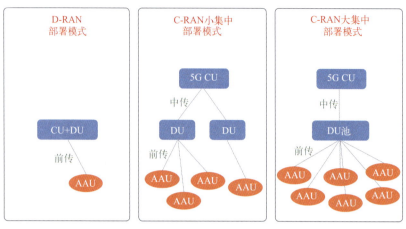

图 1-4　5G 无线接入网部署方式

（2）核心网下沉

5G 核心网采用多级 DC（Data Center，数据中心）的部署模式，如图 1-5 所示。由于 5G 多样化业务的存在，不同业务对于网络时延、带宽的需求差异很大。一般来讲对于低时延、高带宽的业务，相应的核心侧功能需要下沉到靠近用户侧，所以对于 uRLLC 业务，核心网功能通过 MEC（Mobile Edge Computing，移动边缘计算）下沉到本地 Cloud-RAN 中。对于 eMBB 业务，核心网功能下沉到边缘 DC。而对时延和带宽要求不高的 mMTC 业务，核心网功能组件则集中到中心 DC。对于多级 DC 的部署，根据网络规模灵活设置，中小规模网络可以设置两级 DC，大规模网络可部署三级 DC。如果没有传输网络，DC 只是一个个孤岛，而 DCI（Data Center Interconnect，数据中心互联）就是连接各个 DC 的承载网络解决方案，也需要在现有的承载网络基础上进行改造升级。

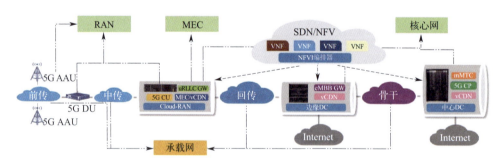

图 1-5　5G 核心网采用多级 DC 部署模式

1.1.2.2　5G 承载网的需求

进入 5G 时代，通信网络的带宽、时延、可靠性等性能需求大幅提升，有的指标要求甚至提升了十几倍，传统的 4G 承载设备和技术方案已远远无法满足 5G 网络的需求。想要达到这些要求，只对无线空中接口部分改进是办不到的，包括承载网在内的整个端到端的网络架构，都必须进行技术升级。5G 时代对承载网的需求主要包括以下几个方面。

（1）大带宽

带宽是 5G 承载网最基础和最重要的技术指标，5G 空口的速率提升了几十倍，承载网带宽也要大幅提升。在单站三小区配置下，5G低频单站带宽均值为2Gbps❶、峰值为4Gbps，5G高频单站带宽均值为7Gbps、峰值为14Gbps。5G基站带宽相比4G有几十倍的提升，对承载网的带宽带来巨大挑战。

（2）低时延和高可靠性

超低时延是5G的关键特征之一，5G网络需要实现个位数毫秒级的端到端时延。uRLLC场景，包括车联网、工业控制等垂直行业，对网络的时延要求苛刻，如图1-6所示，要求用户面时延小于0.5ms，控制面时延小于10ms，其中要求承载网时延小于3.2ms，传统的4G承载网已无法满足这些需求。

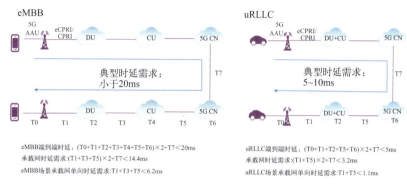

图1-6　5G对承载网的时延要求

5G将广泛应用于自动驾驶、工业互联网、医疗健康等领域，这些行业中的应用在可靠性出现问题时会造成巨大的经济损失和安全问题，这就需要5G网络提供绝对的可靠性。5G在很多场景下，都提出了"6个9级别（99.9999%）"的可靠性要求。因此，承载网也必须满足这样的要求，要有足够强大的容灾能力和故障恢复能力。

（3）高精度同步能力

5G高精度时间同步需求主要体现在基本业务、协同业务和垂直行业应用业务3个方面。基本业务方面，时间同步是所有TDD（Time-Division Duplex，时分双工）制式无线系统的共性需求，主要是为了避免上下行时隙间干扰。5G基站在承载基本业务时，其空口间对于时间同步精度的指标要求为±1.5μs。协同业务方面，5G系统广泛使用的多点协同（Coordinated Multiple Points，CoMP）、带内载波聚合（Carrier Aggregation，CA）等协同技术，对时间同步精度的指标要求为±130ns。垂直行业应用业务方面，随着5G网络的规模扩大，无人驾驶、无人物流、智能机器人等基于5G的垂直行业应用层出不穷，这些应用也对5G网络的超高精度时间同步提出了更高的指标要求，同步精度需达到±10ns。

为保证高精度时间同步，5G网络需要以频率同步作为时间信号精确传递的基础支撑，整个网络由此形成两个逻辑层面——频率层和时间层，目前所采用的同步传递技术是SyncE（Synchronize Ethernet，同步以太）+1588v2，即频率层同步采用同步以太技术，时间层同步采用1588v2分组报文。

（4）5G灵活组网需求

4G时代的承载网，其三层设备一般设置在城域回传网络的核心层，以成对的方式进行

---

❶　1bps=1bit/s。

二层/三层桥接设置，三层的接入位置偏高。针对基站间 X2 流量，其路径为接入—汇聚—核心桥接—汇聚—接入，X2 业务所经过的跳数多、距离远，时延往往较大。在对时延不敏感的 4G 时代这种方式较为合理，对维护的要求也相对简单。

5G 时代的一些应用对时延较为敏感，站间流量所占比例越来越高。同时由于 5G 阶段将采用超密集组网，站间协同比 4G 更为密切，站间流量比重也将超过 4G 时代的 X2 流量，如图 1-7 所示。

图 1-7　5G 密集组网

5G 基站与核心网之间（N2、N3 接口）以及相邻基站之间（Xn 接口）都有连接需求，其中 Xn 接口流量主要包括站间 CA 和 CoMP（Coordinated Multipoint Transmission/Reception，协作多点发送/接收）流量。如果采用人工配置静态连接的方式，配置工作量会非常繁重，且灵活性差，因此回传网络需要支持 IP 寻址并具备转发功能。另外，CU 云化部署后，需要提供冗余保护、动态扩容和负载分担的功能，从而使得 DU 与 CU 之间的归属关系发生变化，DU 需要灵活连接到两个或多个 CU 池。这样 DU 与 CU 之间的中传网络（F1 接口）就需要支持 IP 寻址并具备转发功能。

综上所述，5G 承载网络需要接入层支持三层路由功能，以更好地满足 5G 网络 Xn、F1 接口数据传送需求。

（5）支持网络切片

5G 的 eMBB、uRLLC 和 mMTC 三大应用场景在带宽、时延、连接上的需求差异巨大，所需要的服务质量不同，如果搭建多张网络提供服务，成本太高，管理困难。因此业界提出了网络切片的想法，每个网络切片将拥有自己独立的网络资源和管控能力，在一个基础物理网络上，提供不同的网络切片，来提供不同场景的服务质量 SLA，如图 1-8 所示。

网络切片是一种按需组网的方式，可以让运营商在统一的基础设施上分离出多个虚拟的端到端网络，每个网络切片从无线接入网到承载网再到核心网进行逻辑隔离，以适配各种各样类型的应用。切片功能是 5G 网络的核心能力，也是其与 4G 网络的根本区别，因此，5G 承载网络也需要有相应的技术方案，以满足不同 5G 网络切片的差异化承载需求。

1.1.3　任务实施

1.1.3.1　5G 承载前传方案

5G 承载前传技术的解决方案主要有 4 种，分别是光纤直连方案、无源波分方案、有源波分方案和半有源波分方案。

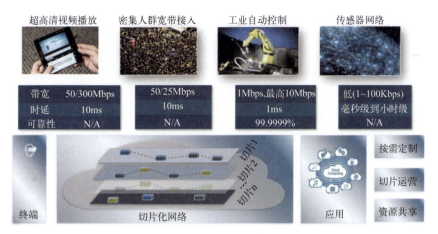

图 1-8　网络切片

（1）光纤直连方案

光纤直连方案，即 DU 与每个 AAU 的端口直接采用光纤进行点到点连接，AAU 和 DU 分别采用灰光模块，如图 1-9 所示。使用灰光模块时，一条光纤只传输一路光信号，如同一条公路只跑一辆车，对光信号的中心波长没有严格的要求，只要在光纤的低损耗窗口内即可，波长的波动范围一般在中心波长±40nm 左右。常见的光纤波长窗口有 850nm 窗口、1310nm 窗口、1550nm 窗口等。

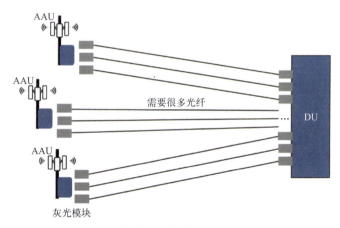

图 1-9　光纤直连方案

优点：点到点组网，可实现快速低成本的部署。

缺点：需要大量的光纤资源支持；传输距离较短；拓扑结构只有点到点；无法支持智能运维管理。

例如，对于传统带三个扇区的单个宏站，在 100MHz 频谱带宽、64T64R 配置下需要 3 个 25Gbps eCPRI 接口，6 对 25G 光模块，6 根光纤（上下行各 3 根）。在 C-RAN 组网架构下，一个 DU 如果连接几十个 AAU，就需要几百根光纤。即使采用 BiDi（Bidirectional，双向的）单纤双向光模块来节省一半的光纤资源，在 C-RAN 架构下，尤其是 DU 大集中场景下，仍然需要消耗大量的光纤资源，这增加了网络的建设成本和后期维护管理复杂度。

（2）无源波分方案

无源波分方案采用波分复用（Wavelength Division Multiplexing，WDM）技术，如图 1-10 所示。无源 WDM 主要由无源合波器、无源分波器和彩光模块组成，AAU 和 DU 采用固定波长的彩光模块，在发送端使用无源合波器将多路不同波长的光信号复用到一根光纤中进行传送，在接收端使用无源分波器实现多路不同波长光信号的分离，从而仅利用一对主干光纤即可实现多个 AAU 到 DU 之间的连接。彩光模块需使用高精度的中心波长，一般来说彩光模块要比灰光模块成本高，在无源 WDM 系统中不同 AAU 的彩光模块使用不同的中心波长，通过合波器、分波器将不同波长的光信号在同一根光纤中传输，就好比在一条公路上划分出多条车道，提升道路的车辆通行能力。

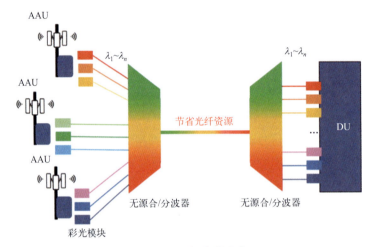

图 1-10　无源波分方案

优点：与光纤直连方案相比，无源波分方案的显著优点是节省了大量的光纤资源；由于没有负责波长转换的有源设备，设备成本较低；无源 WDM 对前传业务进行透传处理，缩短了信号处理时延，延长了 DU 和 AAU 之间的传输距离。

缺点：WDM 方案需要每个 AAU 使用不同波长，由于采用固定波长的彩光模块，因此会增加波长规划与管理的工作量；缺少运行、管理和维护（Operation, Administration and Maintenance，OAM）机制、保护机制，运维管理较困难。

（3）有源波分方案

有源波分系统如图 1-11 所示，在 AAU 站点和 DU 机房配置了有源 WDM/OTN 设备，保留了无源波分系统中使用的无源合波器、无源分波器，增加了有源光波长转换单元，采用标准灰光接口与 AAU、DU 对接，采用彩光接口与无源合波器、无源分波器对接，完成灰光接口非特定波长与彩光接口特定波长之间的光波长转换，通过合波和分波处理实现不同 AAU 和 DU 之间的光信号在同一根光纤上传输。通过在信号中封装开销字段实现信号传输的管理和保护，提供质量保证。

优点：拥有完善的 OAM 机制，提供性能监控、告警上报和故障诊断等功能；由于 AAU 和 DU 侧采用灰光模块，无需复杂的波长规划和管理；与无源 WDM 相比，组网方式更灵活，支持点对点和环状等组网方式。

缺点：有源波分设备成本相对较高，增加了网络建设成本；有源波分设备需供电才能正常工作，在 AAU 侧部署时可能会受限于站址空间、远端供电等问题；有源波分设备需完成

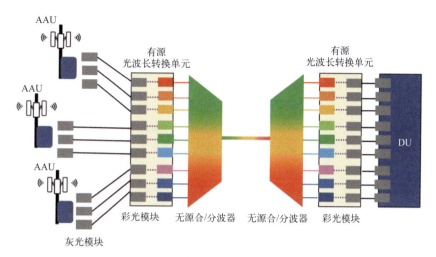

图 1-11 有源波分方案

信号的波长转换和开销处理，会增加信号处理时延和抖动。

（4）半有源波分方案

半有源 WDM 综合了无源 WDM 和有源 WDM 方案的优点，在 DU 侧采用有源 WDM 设备，在 AAU 侧采用彩光模块和无源 WDM 设备，如图 1-12 所示。半有源 WDM 方案兼顾了远端 AAU 侧无源的简单低成本特点，同时提供了网络 OAM 功能，便于对设备进行远程管理维护。

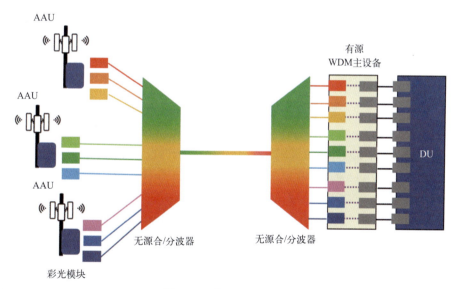

图 1-12 半有源波分方案

在 5G 部署初期，前传以光纤直连和无源 WDM 方案为主，后续随着网络部署规模逐步扩大，尤其是 C-RAN 小集中和大集中部署模式的规模应用，半有源 WDM 方案的占比将会显著提升。

1.1.3.2 5G 承载中回传方案

中传和回传网络对于承载网在带宽、组网灵活性、网络切片等方面的需求基本一致，因此可以采用统一的承载方案。我国运营商在 5G 承载中回传方案中采用的主要是切片分组网络（SPN）、面向移动承载优化的 OTN（M-OTN）和增强型 IPRAN，其中 SPN 是中国移动在 4G 时期的承载网 PTN 技术基础上，面向 5G 和政企专线的业务承载需求，创新提出的新一代承载网技术方案，M-OTN 是中国电信提出的技术方案，增强型 IPRAN 是中国联通提出的技术方案。三大运营商采用的 5G 承载方案均是在各自原有 4G 承载方案基础上演进而来的，进一步满足 5G 网络特性需求，从而保障承载网络投资的延续性和经济性。中国移动在 5G 时代推出的 SPN 自主技术方案，目前在全球部署规模最大，因此本书聚焦 SPN 技术进行 5G 承载中回传方案的学习。

中国移动采用的 SPN 技术方案是基于以太网内核的新一代融合承载网络架构，实现大带宽、低时延、高效率的综合业务承载，承载的业务包括无线业务、家庭业务、企业业务、DC 互联业务等。SPN 技术基于 ITU-T 层网络模型对网络架构进行分层设计，分为切片分组层（SPL）、切片通道层（SCL）、切片传送层（STL），以及时间/时钟同步功能模块和管理/控制功能模块，如图 1-13 所示。

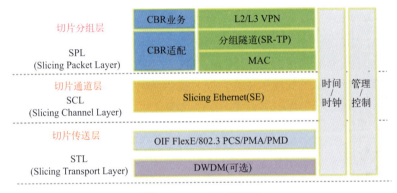

图 1-13　SPN 技术架构

切片分组层（SPL）：实现对 IP、以太、CBR 业务的寻址转发和承载管道封装，提供 L2VPN、L3VPN、CBR 透传等多种业务类型。对于分组业务，SPL 层提供基于分段路由（SR，Segment Routing）增强的 SR-TP 隧道，同时提供面向连接和无连接的多类型承载管道。

切片通道层（SCL）：通过切片以太网（Slicing Ethernet，SE）技术，对以太网物理接口、FLexE（Flex Ethernet，灵活以太网）绑定组进行时隙化处理，提供端到端的基于以太网的虚拟网络连接能力，为多业务承载提供基于 L1 的低时延、硬隔离切片通道。基于 SE 通道的 OAM 和保护功能，可实现端到端的切片通道层的性能检测和故障恢复功能。

切片传送层（STL）：基于 IEEE 802.3 以太网物理层技术和 FlexE 技术，实现高效的大带宽传送能力。以太网物理层包括 50GE❶、100GE、200GE、400GE 等新型高速率以太网接口。

时间/时钟同步功能模块：在核心节点支持部署高精度时钟源，具备基于 IEEE 1588v2 的高精度时间同步传送能力，满足 5G 基本业务的同步需求，同时支撑 5G 协同业务场景的高精度时间同步。

管理/控制功能模块：具备面向 SDN 架构（Software Defined Networking，软件定义网络）的管理、控制能力，提供业务和网络资源的灵活配置服务，并具备自动化和智能化的网

---

❶　GE 是 Gigabit Ethernet（吉比特以太网）的缩写，表示传输速率为 1Gbps 的以太网。

络运维能力。

利用 SPN 技术可组建 5G 中回传承载网络的拓扑结构，如图 1-14 所示，具有灵活大带宽、超低时延、高可靠性、灵活组网、高精度时钟和智能运维等优点。

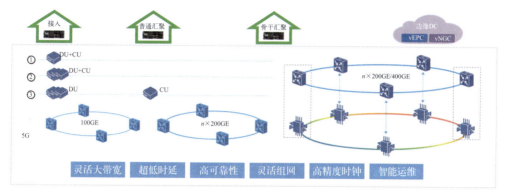

图 1-14　SPN 承载网拓扑

任务 1.2　5G 承载网规划设计

1.2.1　任务分析

5G 承载网作为无线接入网和核心网之间的桥梁，具有合理的网络结构和适配的带宽资源是保障 5G 网络高效运行的基础。本次任务我们分别学习 5G 承载网拓扑规划和 5G 承载网带宽的估算，其中网络带宽指的是设备之间链路的速率，比如 100GE、200GE、400GE 等。

1.2.2　知识准备

1.2.2.1　5G 承载网拓扑规划

在对 5G 承载网规划时首先需要完成网络拓扑规划，一般而言，一个完整的 SPN 网络分为本地网和干线网，干线网指的是不同城市之间互联的 SPN 网络，本地网是一个城市内部所覆盖的网络，又分为接入层、汇聚层和核心层，通常采用环形组网方式，如图 1-15 所示。接入节点与 5G 基站对接，负责 5G 信号的接入；汇聚节点作为中继角色，

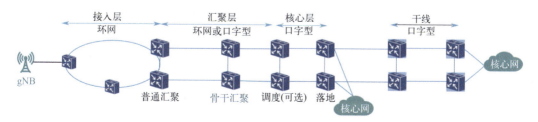

图 1-15　5G 承载网拓扑结构

负责 5G 信号的汇聚和透明转发；核心节点负责与核心网网元对接。

根据《中国移动 2021 年关于 SPN 新建网络的建议》，其物理拓扑建设需满足表 1-1 的标准。

表 1-1 5G 承载网拓扑建设标准

规划参数	指标要求
接入环上节点最大数	6～8 个 (D-RAN)，3～4 个 (C-RAN)
汇聚对下带接入环最大数	6～8 个
汇聚环上节点最大数	6 个
骨干汇聚对下带汇聚环最大数	6～8 个
骨干汇聚对下带最大接入节点数	2000 个
每对核心节点下带骨干汇聚对最大数	10 对

1.2.2.2 5G 承载网容量估算

要计算 5G 承载网带宽，首先要知道每个 5G 单站所占用的带宽是多少。5G 单站带宽需求如表 1-2 所示，分为 5G 低频和 5G 高频两种站点，一般区域部署低频站点，一般区域指的是居民小区、城乡接合部等人流量不是很大的区域，热点区域采用低频和高频共同部署，热点区域指的是火车站、商业街等人流量较大的场景。基于常用的基站配置参数计算出了两种站点的单站峰值带宽和均值带宽，如表 1-2 所示。

表 1-2 5G 单站带宽需求

参数	5G 低频（6GHz 以下）	5G 高频（28GHz 以上）
频带宽度	100MHz	800MHz
基站配置	3 cells,64T64R	3 cells,4T4R
频谱效率	峰值 40bps/Hz，均值 7.8bps/Hz	峰值 15bps/Hz，均值 3.7bps/Hz
其他考虑	10% 封装开销，5% 的 X_n 接口流量，TDD 上下行配比 1:3	10% 封装开销，TDD 上下行配比 1:3
单小区峰值带宽	3.3Gbps	9.9Gbps
单小区均值带宽	0.675Gbps	2.442Gbps
单站峰值带宽	4.65Gbps	14.78Gbps
单站均值带宽	2.03Gbps	7.33Gbps

其中：

单小区峰值带宽＝频宽×频谱效率峰值×(1＋封装开销)×TDD 下行占比

单小区均值带宽＝频宽×频谱效率均值×(1＋封装开销)×TDD 下行占比×(1＋X_n)(X_n 接口流量在高频站点中无需考虑)

单站峰值带宽＝单小区峰值带宽×1＋单小区均值带宽×(3－1)

单站均值带宽＝单小区均值带宽×3

5G 基站峰值相比 4G，有几十倍的提升，对现网设备（特别是接入层）带来巨大挑战。5G 承载网接入层、汇聚层、核心层的收敛比建议为 8:4:1，接入环、汇聚环、骨干汇聚节点和核心层的带宽计算公式如下所示。

（1）接入环带宽

一般区域：

接入环带宽＝低频单站均值带宽×(N－1)＋低频单站峰值带宽

热点区域：

接入环带宽＝低频单站均值带宽×（N－2）+高频单站峰值带宽+高频单站均值带宽

（2）汇聚环带宽

汇聚环带宽＝接入环带宽×汇聚对下带接入环数×汇聚环上节点数/2×汇聚环带宽收敛比

（3）骨干汇聚对带宽

骨干汇聚对带宽＝汇聚环带宽×骨干汇聚对下带汇聚环数

（4）核心层带宽

核心层带宽＝骨干汇聚对带宽×每对核心节点下带骨干汇聚对数×核心节点数/2×核心层带宽收敛比

1.2.3 任务实施

按表 1-3 所给参数，分别进行一般区域和热点区域的承载网的容量计算，加深对容量计算公式的理解。

表 1-3　5G 承载网容量计算参数

规划参数	取值
接入环上节点数	8 个
汇聚对下带接入环数	4 个
汇聚环上节点数	6 个
骨干汇聚对下带汇聚环数	6 个
每对核心节点下带骨干汇聚对数	8 对
核心节点数	2 个

① 一般区域：

$$接入环带宽＝低频单站均值带宽×（N－1）+低频单站峰值带宽$$
$$=2.03×(8-1)+4.65=18.86\text{Gbps}$$
$$汇聚环带宽＝接入环带宽×汇聚对下带接入环数×汇聚环上节点数/2×汇聚环带宽收敛比$$
$$=18.86×4×6/2×0.5=113.16\text{Gbps}$$
$$骨干汇聚对带宽＝汇聚环带宽×骨干汇聚对下带汇聚环数$$
$$=113.16×6=678.96\text{Gbps}$$
$$核心层带宽＝骨干汇聚对带宽×每对核心节点下带骨干汇聚对数$$
$$×核心节点数/2×核心层带宽收敛比$$
$$=678.96×8×2/2×0.25=1357.92\text{Gbps}$$

② 热点区域：

$$接入环带宽＝低频单站均值带宽×（N－2）+高频单站峰值带宽+高频单站均值带宽$$
$$=2.03×(8-2)+14.78+7.33=34.29\text{Gbps}$$
$$汇聚环带宽＝接入环带宽×汇聚对下带接入环数量×汇聚环上节点数/2×汇聚环带宽收敛比$$
$$=34.29×4×6/2×0.5=205.74\text{Gbps}$$

$$骨干汇聚对带宽 = 汇聚环带宽 \times 骨干汇聚对下带汇聚环数$$
$$= 205.74 \times 6 = 1234.44 \text{Gbps}$$
$$核心层带宽 = 骨干汇聚对带宽 \times 每对核心节点下带骨干汇聚对数$$
$$\times 核心节点数 / 2 \times 核心层带宽收敛比$$
$$= 1234.44 \times 8 \times 2 / 2 \times 0.25 = 2468.88 \text{Gbps}$$

现网中,热点区域的接入层一般采用 50GE 环形组网,业务量较小的一般区域的接入层可采用 10GE 环形组网;汇聚层普遍采用 FlexE 技术,实现 $N \times 100$GE 组网;核心层普遍采用 FlexE 技术,实现 $N \times 200$GE 组网。

 项目测评

一、选择题

1. 4G BBU 的部分物理层处理功能与原 RRU 及无源天线重构为 5G( )网元。
(A) CU   (B) DU   (C) AAU   (D) gNB

2. 5G 承载网根据无线架构的变化,可以分为哪几部分?( )
(A) 前传   (B) 中传   (C) 回传   (D) C-RAN

3. 相邻基站之间直接进行数据交互的接口是( )。
(A) F1   (B) Xn   (C) E1   (D) N2

4. 5G 承载网络接入层增加( )功能,以更好地支持 5G 网络 Xn、F1 接口数据传送需求。
(A) L1   (B) L2   (C) L3   (D) L4

5. 承载网中( )直接与 5G 基站连接。
(A) 接入层   (B) 汇聚层   (C) 核心层   (D) 干线层

二、简答题

1. 简述 5G 接入网的功能实体构成。
2. 简述 5G 承载网的需求。
3. 简述灰光模块和彩光模块的特点。
4. 简述一般区域和热点区域分别采用的 5G 基站部署方式。
5. 按照表 1-4 所列参数分别完成一般区域和热点区域的承载网的容量计算。

表 1-4 5G 承载网容量计算参数举例

规划参数	取值
接入环上节点数	4 个
汇聚对下带接入环数	3 个
汇聚环上节点数	4 个
骨干汇聚对下带汇聚环数	2 个
每对核心节点下带骨干汇聚对数	1 对
核心节点数	2 个

项目 2
5G 承载关键技术认知

📚 项目简介

  4G 时代，承载网采用 IPRAN/PTN 技术方案，采用了 MPLS（Multi-Propocal Label Switching，多协议标签交换）技术，实现了标签转发和柔性管道功能，5G 业务在带宽、时延、切片等方面提出了新的要求，原有的 IPRAN/PTN 网络已无法满足业务的承载需求，SPN 网络应运而生，创新性地采用了 FlexE、SR（Segment Routing，分段路由）等技术，本项目我们将在学习 IPRAN/PTN 技术的基础上，进一步深入学习 SPN 中的各项关键技术，为后续项目的学习打下基础。

💡 学习目标

▶▶ 知识目标

① 理解动态路由协议工作原理；
② 理解 MPLS 技术工作原理；
③ 了解 L2VPN 与 L3VPN 的区别；
④ 理解 FlexE 技术工作原理；
⑤ 理解 SR 技术工作原理。

▶▶ 能力目标

① 能够描述 FlexE 业务转发过程；
② 能够描述 SR 隧道的建立过程。

▶▶ 素质目标

① 培养资源节约意识和创新意识；
② 培养勇攀科技高峰的科学精神。

任务 2.1　IPRAN/PTN 技术认知

2.1.1　任务分析

5G SPN 技术是在 IPRAN/PTN 技术基础上发展而来的，本任务将重点学习在 SPN 技术中继续使用的一些关键技术，包括 OSPF（Open Shortest Path First，开放最短路径优先）、IS-IS（Intermediate System-to-Intermediate System，中间系统到中间系统）、MPLS、PWE3（Pseudo-Wire Emulation Edge to Edge，端到端伪线仿真）、VPN（Virtual Private Network，虚拟专用网）。

2.1.2　知识准备

2.1.2.1　动态路由协议

动态路由协议

1）路由类型

在当今社会中，计算机已经变成每一个人在工作、学习及生活中不可分割的一部分。计算机网络（Computer Network）将世界上各种类型的计算机以及其他终端设备连接在了一起，使得这些设备能够协同工作，能够相互通信——通信是现代人类社会的基本需求。本书所讨论的 5G 承载网络，本质上也是一种 IP 网络。所谓的 IP 网络，就是以 TCP/IP 协议簇为基础的通信网络。

IP 网络最基本的功能就是为处于网络中不同位置的设备之间实现数据互通。为了实现这个功能，网络中的设备需具备将 IP 报文从源转发到目的地的能力。以图 2-1 为例，当一台路由器收到一个 IP 报文时，它会在自己的路由表（Routing Table）中执行路由查询，寻找匹配该报文的目的 IP 地址的路由条目（或者说路由表项）。如果找到匹配的路由条目，路由器便按照该条目所指示的出接口及下一跳 IP 地址转发该报文；如果没有任何路由条目匹配该目的 IP 地址，则意味着路由器没有相关路由信息可用于指导报文转发，因此该报文将会被丢弃。上述行为就是路由。

每一台具备路由功能的设备都会维护路由表，路由表相当于路由器的地图，得益于这张地图，路由器才能够正确地转发 IP 报文。路由器通过对路由表优选，把优选路由下发到 FIB（Forwarding Information Base，转发信息库）表中，通过 FIB 表指导报文转发。每个路由器中都至少保存着一张路由表和一张 FIB 表。路由表中保存了各种路由协议发现的路由，记载着路由器所知的所有网段的路由信息。FIB 表中每条转发项都指明了要到达某子网或某主机的报文通过路由器的哪个物理接口发送，就可到达该路径的下一个路由器，或者不需再经过别的路由器便可传送到直接相连的网络中的目的主机。路由表被存放在路由器的 RAM（Ramdom Access Memory，随机存储器）上，路由器重新启动后原来的路由信息都会消失，如果路由器要维护的路由信息较多，则会占用较多的 RAM 空间。

常见的 IPv4 路由表如下所示：

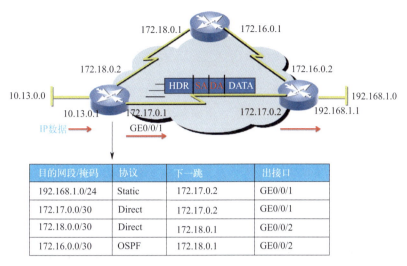

图 2-1 路由的定义

```
IPv4 Routing Table：
Dest              Mask              Gw              Interface        Owner    Pri    Metric
10.26.32.0        255.255.255.0     10.26.245.5     gei-0/0/1/1      BGP      200    0
10.26.33.253      255.255.255.255   10.26.245.5     gei-0/0/1/1      OSPF     110    14
10.26.33.254      255.255.255.255   10.26.245.5     gei-0/0/1/1      OSPF     110    13
10.26.36.0        255.255.255.248   10.26.36.2      gei-0/0/5/2.1    Direct   0      0
10.26.36.2        255.255.255.255   10.26.36.2      gei-0/0/5/2.1    Address  0      0
10.26.36.24       255.255.255.248   10.26.36.26     gei-0/0/5/2.4    Direct   0      0
10.26.245.4       55.255.255.252    10.26.245.6     gei-0/0/1/1      Direct   0      0
10.26.245.6       255.255.255.255   10.26.245.6     gei-0/0/1/1      Address  0      0
```

路由表中通常包含以下信息。

a) Dest：目的逻辑网络或子网地址。

b) Mask：目的逻辑网络或子网的掩码。

c) Gw：与之相邻的路由器的端口地址，即该路由的下一跳 IP 地址。

d) Interface：学习到该路由条目的接口，也是数据包离开路由器去往目的地将经过的接口。

e) Owner：路由来源，表示该路由信息是怎样学习到的。

f) Pri：路由的优先级，表示来自不同路由来源的路由信息的优先权。

g) Metric：度量值，表示每条可能路由的代价，度量值最小的路由就是最佳路由。Metric 只有当同一种动态路由协议，发现多条到达同一目的网段路由的时候，才有可比性，不同路由协议的 Metric 不具有可比性。

以上述路由表中 10.26.33.253 的路由信息为例，说明各字段的含义。

a) 10.26.33.253 为目的逻辑网络地址，255.255.255.255 为目的逻辑网络的子网掩码。

b) 10.26.245.5 为下一跳逻辑地址。

c) gei-0/0/1/1 为学习到这条路由的接口和将要进行数据转发的接口。

d) OSPF 为路由器学习到这条路由的方式，表示本条路由信息是通过 OSPF 路由协议学习到的。

e) 110 为此路由的优先级。

f) 14 为此路由的度量值。

路由器不是即插即用设备，路由信息必须通过配置才会产生，并且路由信息必须要根据网络拓扑结构的变化做相应的调整与维护。下面介绍路由的分类、产生与维护的过程。路由信息根据产生的方式和特点可以分为直连路由、静态路由和动态路由。

（1）直连路由

路由表中，Owner 为 Direct 表示直连路由，如图 2-2 所示，路由优先级为 0，表示拥有最高路由优先级。路由 Metric 值为 0，表示拥有最小 Metric 值。

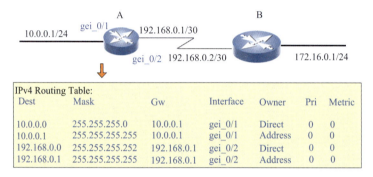

图 2-2　直连路由

直连路由是与路由器直接相连的网段生成的路由，由链路层协议发现，只能发现本接口所属网段。当接口配置了网络协议地址，状态正常（即物理连接正常），并且可以正常检测到数据链路层协议的 KeepAlive 信息时，接口上配置的网段信息会自动出现在路由表中并与接口关联，当路由器检测到此接口 down 掉后，此条路由会自动从路由表中消失。

（2）静态路由

路由表中，Owner 为 Static 表示静态路由，路由优先级为 1，路由 Metric 值为 0。网络管理员手工添加的路由称为静态路由，一般是在系统安装时就根据网络的配置情况预先设定的，不会随网络拓扑结构的改变而改变。静态路由是否出现在路由表中取决于下一跳是否可达，即此路由的下一跳地址所处网段对本路由器是否可达。

（3）动态路由

路由表中，Owner 为 RIP（Routing Information Protocal，路由信息协议）、OSPF、IS-IS、BGP（Border Gateway Protocal，边界网关协议）时表示动态路由。动态路由协议通过路由信息的交换生成并维护转发引擎所需的路由表，当网络拓扑结构改变时动态路由协议可以自动更新路由表，并负责决定数据传输的最佳路由。管理员不需要与静态路由一样，手工对路由器上的动态路由进行配置、维护。每台路由器上运行一个动态路由协议，该协议会根据路由器上的接口的配置（如 IP 地址的配置）及所连接的链路的状态，生成路由表中的路由表项。

总的来说，动态路由协议的作用主要是维护路由信息、建立路由表并决定最佳路由。动态路由协议可以自动适应网络状态的变化、自动维护路由信息而不需要网络管理员的参与。动态路由协议由于需要相互交换路由信息，因而会占用网络带宽与系统资源，安全性不如静态路由。在有冗余连接的复杂网络环境中，适合采用动态路由协议。

动态路由协议按寻址算法的不同，可以分为距离矢量路由协议和链路状态路由协议。

距离矢量路由协议采用距离矢量（Distance Vector，DV）算法，相邻的路由器之间互相交换整个路由表，并进行矢量的叠加，最后学习到整个路由表。距离矢量路由协议有 RIP、BGP 等。距离矢量算法具有以下特点。

a）路由器之间周期性地交换路由表。

b）交换的是整张路由表的内容。

c）每个路由器和其直连的邻居之间交换路由表。

d）网络拓扑结构发生变化之后，路由器之间会通过定期交换更新包来获得网络的变化信息。

正是基于以上路由机制，所以一般来说距离矢量路由协议存在以下缺点。

a）Metric 的可信度不高，因为距离仅仅表示的是跳数，对路由器之间链路的带宽、时延等未考虑。这会导致数据包的传送会选择一条跳数小，但实际带宽窄和时延大的链路。

b）交换路由信息的效率低，相邻路由器之间定期交换完整的路由表信息。在稍大一点的网络中，路由器之间交换的路由表会很大，而且很难维护，导致收敛很缓慢。

为了解决距离矢量路由协议存在的问题，业界在 20 世纪 90 年代又开发了链路状态路由协议。链路状态路由协议是层次式的，网络中的路由器并不向邻居传递"路由项"，而是通告给邻居一些链路状态（Link State，LS）。运行该路由协议的路由器不是简单地从相邻的路由器学习路由，而是把路由器分区域，收集区域的所有的路由器的链路状态信息，根据链路状态信息生成网络拓扑结构，每一个路由器再根据拓扑结构计算出路由。常见的链路状态路由协议有 OSPF、IS-IS 等。

按照作用范围，动态路由协议可以分为 IGP（Interior Gateway Protocol，内部网关协议）和 EGP（Exterior Gateway Protocol，外部网关协议）两种类型，如图 2-3 所示。

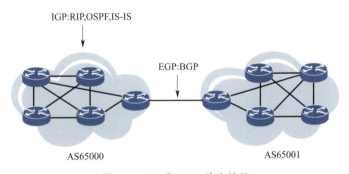

图 2-3　IGP 和 EGP 路由协议

a）IGP 协议在一个自治系统（Autonomous System，AS）内部运行。AS 是一组有统一路由策略，且属于同一个组织机构的路由器集合。IGP 协议的作用是确保在一个域内的每个路由器均遵循相同的方式表示路由信息，并且遵循相同的发布和处理信息的规则，主要用于发现和计算路由。常见的 IGP 协议有 RIP、OSPF、IS-IS 等。

b）EGP 协议负责在自治系统之间完成路由信息的交互，主要用于传递路由。BGP 是目前最常用的 EGP 协议。

2）路由协议

由于在5G承载网络中我们经常使用OSPF、IS-IS和BGP三种路由协议,下面将对这三种协议进行详细介绍。

(1) OSPF协议

OSPF (Open Shortest Path First,开放最短路径优先) 协议是IETF (Internet Engineering Task Force,因特网工程任务组) 组织开发的一个基于链路状态的自治系统内部网关协议 (IGP),用于在单一自治系统内决策路由。在IP网络上,OSPF通过收集和传递自治系统的链路状态来动态地发现并传播路由。

OSPF 路由协议

为了便于大家理解OSPF原理,我们先介绍一些关于OSPF的基本概念。

① OSPF术语。

a) Router-ID: Router-ID是一个32位的无符号整数,其格式和IP地址是一样的,用来唯一标识一台路由器。每一台运行OSPF的路由器都需要一个Router-ID,Router-ID一般需要手工配置,一般将其配置为该路由器的某个接口的IP地址。由于IP地址是唯一的,所以能保证Router-ID的唯一性。

b) 指定路由器 (Designated Router,DR) 和备份指定路由器 (Backup Designated Router,BDR): 在一个广播型多路访问环境中,路由器必须选择一个DR和BDR来代表这个网络。DR和BDR的选择是为了减少在局域网上的OSPF流量。

c) 邻居 (Neighbor) 和邻接 (Adjacency): 某台OSPF路由器启动后,会通过OSPF接口向外发送Hello报文。收到Hello报文的其他OSPF路由器检查报文中所定义的参数,如果双方一致就会形成邻居关系。在邻居关系基础上,同步链路状态信息数据库后,形成邻接关系。

d) 链路状态数据库 (Link State Database,LSDB): 包含了网络中所有路由器的链路状态,表示了整个网络的拓扑结构,同区域内的所有路由器的链路状态数据库都是相同的。

② OSPF报文类型。OSPF的报文类型有5种,下面分别介绍。

a) Hello报文 (Hello Packet): Hello报文周期性地发送给本路由器的邻居,用来发现和维持OSPF邻居关系。Hello报文中包含Router-ID、定时器的数值 (Hello/dead intervals)、自己已知的邻居 (Neighbors)、Area-ID、Router priority (路由器优先级)、DR IP address (DR IP地址)、BDR IP address、Authentication password (认证密码)、Stub area flag (末节区域标志) 等信息。其中,Hello/dead intervals、Area-ID、Authentication password、Stub area flag在两端必须一致,相邻路由器才能建立邻居关系。

b) DBD报文 (Database Description Packet,数据库描述报文): 两台路由器进行数据库同步时,用DBD报文来描述自己的LSDB,内容包括LSDB中每一条LSA (Link State Advertisement,链路状态通告) 的摘要 (摘要是指LSA的HEAD,通过该HEAD可以唯一标识一条LSA)。这样做是为了减少路由器之间传递信息的量,因为LSA的HEAD只占一条LSA整个数据量的一小部分。根据HEAD,对端路由器就可以判断出自己是否已经有了这条LSA。

c) LSR报文 (Link State Request Packet,链路状态请求报文): 两台路由器互相交换过DBD报文后,可知道对端的路由器有哪些LSA是本地的LSDB所缺少的或是对端更新的LSA,这时需要发送LSR报文向对方请求所需的LSA,内容包括所需要的LSA的摘要。

d) LSU报文 (Link State Update Packet,链路状态更新报文): 用来向对端路由器发送所需要的LSA,内容是多条LSA (全部内容) 的集合。

e)LSAck 报文(Link State Acknowledgment Packet,链路状态确认报文):用来对接收到的 LSU 报文进行确认。内容是需要确认的 LSA 的 HEAD(一个 LSAck 报文可对多个 LSA 进行确认)。

③ 计算路由。在一个区域内,OSPF 路由的计算过程主要分为以下几个步骤。

a)每台 OSPF 路由器根据自己周围的网络拓扑结构生成 LSA,并通过更新报文将 LSA 发送给网络中的其他 OSPF 路由器。

b)每台 OSPF 路由器都会收集其他路由器通告的 LSA,所有的 LSA 放在一起便组成了 LSDB。LSA 是对路由器周围网络拓扑结构的描述,LSDB 则是对整个自治系统的网络拓扑结构的描述。

c)OSPF 路由器将 LSDB 转换成一张带权的有向图,这张图便是对整个网络拓扑结构的真实反映,各个路由器得到的有向图是完全相同的。

d)每台路由器根据有向图,使用 SPF 算法,并以自己为根,计算出一个最短路径树,这棵最短路径树就是到自治系统中各节点的路由。

④ OSPF 邻居状态机。图 2-4 是 OSPF 路由器的邻居状态变化示意图,表明了 OSPF 路由器在 OSPF 邻接关系建立过程中所经历的几种状态。

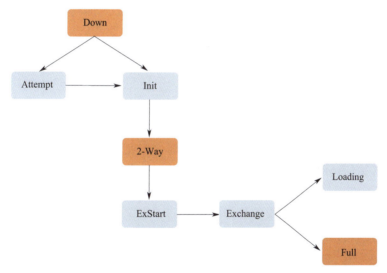

图 2-4　OSPF 邻居状态机

a)Down:设备的初始状态,是指在过去的 Dead Interval 时间(邻居关系失效时间)内没有收到对方的 Hello 报文或 OSPF 没有成功启动。

b)Attempt:只适用于 NBMA(Non Broadcast Multiple Access,非广播多路访问)类型的接口。处于本状态时,定期向那些手工配置的邻居发送 Hello 报文。

c)Init:本状态表示已经收到了邻居的 Hello 报文,但是该报文中列出的邻居中没有包含自己的 Router-ID(对方并没有收到自己发的 Hello 报文)。

d)2-Way:本状态表示双方互相收到了对端发送的 Hello 报文,建立了邻居关系。在广播和 NBMA 类型的网络中,两个接口状态是 DR Other(非指定)的路由器之间将停留在此状态。

e)ExStart:在此状态下,路由器和邻居之间通过互相交换 DBD 报文(不含实际内容,只含一些标志位）来决定发送时的主从关系。建立主从关系是为了保证后续 DBD 报文在交换中能有序发送。

f）Exchange：路由器将本地的 LSDB 用 DBD 报文来描述，并发给邻居。

g）Loading：路由器发送 LSR 报文向邻居请求对方的 LSU 报文。

h）Full：在此状态下，本地路由器拥有了邻居路由器 LSDB 中所有的 LSA 信息，即本地路由器和邻居路由器达到了邻接状态。

⑤ OSPF 建立邻接关系。OSPF 建立邻接关系的过程分为两个阶段：建立邻居关系和同步链路状态数据库。以图 2-5 所示的两台路由器为例，描述建立 OSPF 邻居关系的过程。

图 2-5　建立邻居关系

当配置 OSPF 的路由器刚启动时，相邻路由器（配置有 OSPF 进程）之间的 Hello 包交换过程是最先开始的。网络中的路由器初始启动后交换过程如下。

a）路由器 A 在网络里刚启动时状态是 Down，因为没有和其他路由器进行交换信息。路由器 A 开始从加入 OSPF 进程的接口发送 Hello 报文，尽管不知道任何路由器和谁是 DR，Hello 包是用组播地址 224.0.0.5 发送的。

b）所有运行 OSPF 的与路由器 A 直连的路由器收到路由器 A 的 Hello 包后，把路由器 A 的 ID 添加到自己的邻居列表中，此时状态是 Init。

c）所有运行 OSPF 的与路由器 A 直连的路由器向路由器 A 发送单播 Hello 包回应，Hello 包中邻居字段内包含所有知道的路由器 ID，也包括路由器 A 的 ID。

d）当路由器 A 收到这些 Hello 包后，将其中所有包含自己路由器 ID 的路由器都添加到自己的邻居表中，进入 2-Way 状态。这时，所有在其邻居表中包含彼此路由器 ID 记录的路由器就建立起了双向的通信。

e）如果网络类型是广播型网络，那么就需要选择 DR 和 BDR，进入 ExStart 状态。

f）路由器周期性地（广播型网络中缺省是 10s）在网络中交换 Hello 数据包，以确保通信正常。

接下来通过图 2-6、图 2-7，来描述同步链路状态数据库的过程。

a）在 ExStart 状态下，DR 和 BDR 与网络中其他的各路由器建立邻接关系。在这个过程中，各路由器与邻接的 DR 和 BDR 之间建立一个主从关系，拥有更高 Router-ID 的路由器成为主路由器。

b）主从路由器间交换一个或多个 DBD 报文。这时路由器处于交换（Exchange）状态。

DBD 包括在路由器的链路状态数据库中出现的 LSA 条目的头部信息。LSA 条目是关于一条链路或是关于一个网络的信息。每一个 LSA 条目的头部包括链路类型、通告该信息的路由器地址、链路的开销，以及 LSA 的序列号等信息。LSA 序列号被路由器用来识别所接收到的链路状态信息的新旧程度。

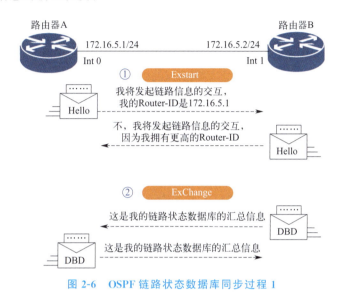

图 2-6　OSPF 链路状态数据库同步过程 1

当路由器 A 接收到对端的 DBD 数据包后，将要进行以下工作，如图 2-7 所示。

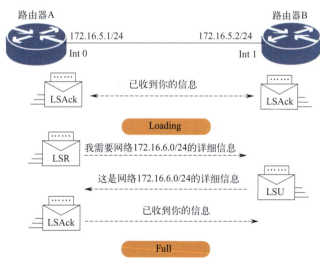

图 2-7　OSPF 链路状态数据库同步过程 2

c）通过链路状态确认报文（LSAck 报文）对收到的 DBD 报文进行确认。

d）通过检查 DBD 中 LSA 的头部序列号，路由器 A 将接收到的信息和已拥有的信息做比较。如果 DBD 有一个更新的链路状态条目，那么路由器 A 将向路由器 B 发送链路状态请求（LSR），此时处于 Loading 状态。

e)路由器 B 使用链路状态更新报文(LSU)回应请求,并在其中包含所请求条目的完整信息。当路由器 A 收到一个 LSU 时,将再一次发送 LSAck 报文进行确认。

f)路由器 A 添加新的链路状态条目到链路状态数据库中。当路由器 A 与路由器 B 之间的所有 LSR 都得到了满意的答复后,两者就达到了同步并进入 Full 状态。路由器在能够转发数据流量之前,必须进入 Full 状态。

⑥ OSPF 区域划分。随着网络规模日益扩大,网络中的路由器数量不断增加。当一个巨型网络中的路由器都运行 OSPF 路由协议时,就会遇到如下问题。

a)每台路由器都保留着整个网络中其他所有路由器生成的 LSA,这些 LSA 的集合组成 LSDB,路由器数量的增多会导致 LSDB 非常庞大,这会占用大量的存储空间。

b)LSDB 的庞大会增加运行 SPF(Shortest Path First,最短路径优先)算法的复杂度,导致设备 CPU 负担很重。

c)由于 LSDB 很大,两台路由器之间达到 LSDB 同步需要较长时间。

d)网络规模增大之后,拓扑结构发生变化的概率也增大,为了同步这种变化,网络中会有大量的 OSPF 协议报文在传递,降低了网络带宽利用率。每一次变化都会导致网络中所有的路由器重新进行路由计算。

OSPF 通过划分区域(Area)来解决上述问题。划分区域可以减少 LSA 的数量、缩小网络变化波及的范围。

区域是从逻辑上将路由器划分到不同的组,每个组用区域号(Area ID)来标识。如图 2-8 所示,路由器 A、B、C、D 在 Area 0 中,路由器 I、J、K、L 分别属于 Area 1、Area 2、Area 3、Area 4,Area 0 被称为骨干区域(Backbone Area)。

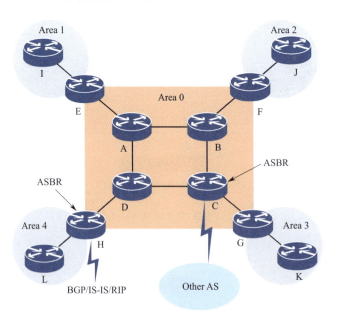

图 2-8 OSPF 区域划分示意图

区域的边界是路由器,而不是链路。一个路由器可以属于不同的区域,但是一个网段(链路)只能属于一个区域,即每个运行 OSPF 路由器的接口必须被指明只属于一个确定的区域。如果自治系统被划分成多个区域,则必须有一个区域是骨干区域,且保证其他区域与骨干区域直接相连或逻辑上相连,并且骨干区域自身也必须是连通的。

在引入了区域的概念之后,OSPF 根据路由器在 AS(自治系统)中的不同位置,将其分为以下 4 个类型。

a)区域内路由器(Internal Area Router,IAR):该类路由器的所有接口都属于同一个 OSPF 区域,如图 2-8 中的路由器 A、B、C、D、I、J、K、L。

b)区域边界路由器(Area Border Router,ABR):该类路由器同时属于两个以上的区域,但其中一个必须是骨干区域,如图 2-8 中的路由器 E、F、G、H。ABR 用来连接骨干区域和非骨干区域,与骨干区域之间既可以是物理连接,也可以是逻辑连接。

c)骨干路由器(BackBone Router,BBR):该类路由器至少有一个接口属于骨干区域。因此,所有的 ABR 和位于 Area 0 内部的路由器都是骨干路由器。图 2-8 中的骨干路由器为路由器 A、B、C、D、E、F、G、H。

d)自治系统边界路由器(AS Border Router,ASBR):与其他 AS 交换路由信息的路由器称为 ASBR。ASBR 并不一定位于 AS 的边界,有可能是 IAR,也有可能是 ABR。只要一台 OSPF 路由器引入了外部的路由信息,该 OSPF 路由器就是 ASBR。图 2-8 中的路由器 H、C 是 ASBR。

划分区域后,ABR 根据本区域内的路由生成 LSA,按照 IP 地址的规律将这些路由进行聚合后再生成 LSA,可大大减少自治系统中 LSA 的数量。同时,划分区域之后,网络拓扑结构的变化在本区域内进行同步。只有当该变化影响到聚合之后的路由时,才会由 ABR 将该变化通知到其他区域。大部分的拓扑结构变化都会被屏蔽在区域内部,减少了对其他区域中路由器的影响。

(2)IS-IS 协议

IS-IS(Intermediate System-to-Intermediate System,中间系统到中间系统)路由协议是国际标准化组织(ISO)为支持 CLNS(Connectionless Network Service,无连接网络服务)制定的路由协议,IETF 对 IS-IS 进行了扩展以支持携带 IP 路由信息。IS-IS 也是一种基于链路状态的内部网关协议,与 OSPF 路由协议有许多相同点。通过将网络划分成区域,区域内的路由器只管理区域内路由信息,从而节省路由器开销,此特点使其能满足中大型网络的需要。IS-IS 协议同样使用了迪杰斯特拉算法的最短路径优先(Shortest Path First,SPF)算法来计算拓扑,根据链路状态数据库,使用 SPF 算法进行拓扑结构的计算,选择最优路由,再将该路由加入 IP 路由表中。

① IS-IS 的地址结构。IS-IS 采用 NSAP(Network Service Access Point,网络服务接入点)地址结构。NSAP 用于描述设备的区域 ID(Area ID)和系统 ID(System ID),完整的 NSAP 地址结构如图 2-9 所示。NSAP 由 IDP(Initial Domain Part,初始域部分)和 DSP(Domain Specific Part,域专用区)

图 2-9 完整的 NSAP 地址结构

组成。IDP 和 DSP 的长度都是可变的,NSAP 的长度为 8~20 字节。

IDP 相当于 IP 地址中的主网络号,IDP 由 ISO 规定,并由 AFI(Authority and Format Identifier,权限格式标识符)与 IDI(Initial Domain Identifier,初始域标识符)两部分组成。AFI 表示地址分配机构和地址格式,IDI 用来标识域。

DSP 相当于 IP 地址中的子网号、主机地址和端口号，DSP 由 High Order DSP（高阶 DSP）、System ID 和 NSEL 三部分组成。High Order DSP 用来分割区域，System ID 用来在区域内唯一标识主机或路由器，长度固定为 6 字节（48 bit），NSEL（NSAP Selector，NSAP 选择器）用来指示服务类型，作用类似 IP 中的协议标识符，不同的传输协议对应不同的 NSEL。

实际应用中，IS-IS 通常采用简化的 NSAP 地址结构，如图 2-10 所示，简化的 NSAP 地址的长度仍为 8～20 个字节。把前述 IDP 和 DSP 中的 High Order DSP 统称为 Area ID，长度为 1～13 字节。System ID 用来在区域内唯一标识主机或路由器，长度固定为 6 字节。NSEL 表示不同的传输协议对应不同的 NSEL，在 IP 中，NSEL 均为 00。

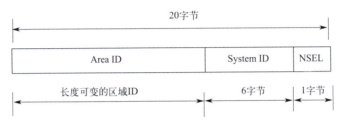

图 2-10　简化的 NSAP 地址结构

简化的 NSAP 地址示例如下，其中符号均为十六进制。

示例 1：47.0001.aaaa.bbbb.cccc.00。

区域 ID 为 47.0001，系统 ID 为 aaaa.bbbb.cccc，NSEL＝00。

示例 2：39.0f01.0002.0000.0c00.1111.00。

区域 ID 为 39.0f01.0002，系统 ID 为 0000.0c00.1111，NSEL＝00。

示例 3：49.0002.0000.0000.0001.00。

区域 ID 为 49.0002，系统 ID 为 0000.0000.0001，NSEL＝00。

② IS-IS 区域。为了支持大规模的路由网络，IS-IS 在 AS（自治系统）内采用骨干区域与非骨干区域的两级分层结构，如图 2-11 所示。

a）Level-1 路由器：Level-1 路由器负责区域（Area）内的路由，只与属于同一区域的 Level-1 和 Level-1-2 路由器形成邻居关系，处于不同区域的 Level-1 路由器间不能形成邻居关系。Level-1 路由器只负责维护 Level-1 的 LSDB，该 LSDB 包含本区域的路由信息，到本区域外的报文转发给最近的 Level-1-2 路由器。

b）Level-2 路由器：Level-2 路由器负责区域间的路由，可以与同一区域或者不同区域的 Level-2 路由器或者其他区域的 Level-1-2 路由器形成邻居关系。Level-2 路由器维护一个 Level-2 的 LSDB，该 LSDB 包含区域间的路由信息。所有 Level-2 级别（即形成 Level-2 邻居关系）的路由器组成路由域的骨干网，负责在不同区域间通信。路由域中 Level-2 级别的路由器必须是物理连接的，以保证骨干区域的连续性。只有 Level-2 级别的路由器才能直接与区域外的路由器交换数据报文或路由信息。

c）Level-1-2 路由器：同时属于 Level-1 和 Level-2 的路由器称为 Level-1-2 路由器，可以与同一区域的 Level-1 和 Level-1-2 路由器形成 Level-1 邻居关系，也可以与其他区域的 Level-2 和 Level-1-2 路由器形成 Level-2 邻居关系。Level-1 路由器必须通过 Level-1-2 路由器才能连接至其他区域。Level-1-2 路由器维护两个 LSDB，Level-1 的 LSDB 用于区域内路

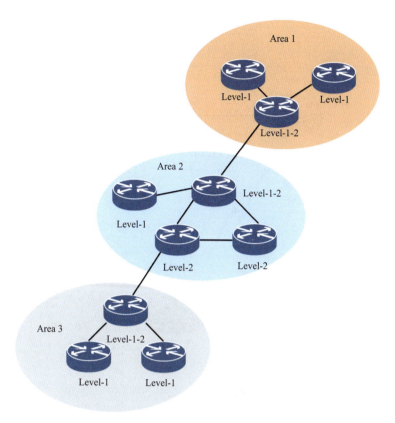

图 2-11　IS-IS 网络的区域划分

由，Level-2 的 LSDB 用于区域间路由。

（3）BGP 协议

BGP 是一种既可以用于不同 AS 之间，又可以用于同一 AS 内部的动态路由协议。当 BGP 运行于同一 AS 内部时，被称为 IBGP（Internal BGP，内部边界网关协议）；当 BGP 运行于不同 AS 之间时，被称为 EBGP（External BGP，外部边界网关协议）。早期发布的三个版本分别是 BGP-1、BGP-2 和 BGP-3，当前使用的版本是 BGP-4。BGP-4 作为事实上的 Internet 外部路由协议标准，被广泛应用于运营商网络之间。

BGP 是一种外部网关协议（EGP），与 OSPF、RIP 等内部网关协议（IGP）不同，其着眼点不在于发现和计算路由，而在于控制路由的传播和选择最佳路由，它使用 TCP（Transmission Control Protocal，传输控制协议）作为其传输层协议，提高了协议的可靠性。

在 BGP 网络中，发送 BGP 消息的路由器称为 BGP 发言者（BGP Speaker），接收或产生新的路由信息，并发布（Advertise）给其他 BGP 发言者。当 BGP 发言者收到来自其他自治系统的新路由时，如果该路由比当前已知路由更优，或者当前还没有该路由，则把这条路由发布给自治系统内所有其他 BGP 发言者。

建立了 BGP 会话连接的路由器被称作对等体（peer）或邻居（neighbor）。对等体的连接有两种模式：IBGP 和 EBGP。如果两个交换 BGP 报文的路由器属于同一个自治系统，那么这两台路由器就是 IBGP 的连接模式；如果两个交换 BGP 报文的路由器属于不同的自治系统，那么这两台路由器就是 EBGP 的连接模式。如图 2-12 所示，R1 和 R2 是 EBGP 邻居，R2 和 R3 是 IBGP 邻居。

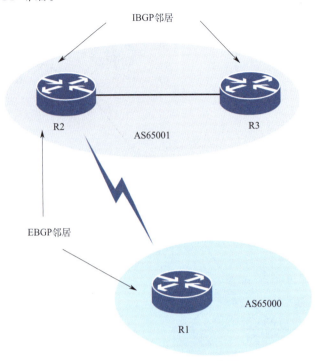

图 2-12　IBGP 和 EBGP 示意图

2.1.2.2　MPLS 技术

MPLS 技术

　　移动互联网时代，随着用户数据量的迅猛增长，如何进一步提高数据传输速率和服务质量已成为网络发展的焦点。由于 IP 协议是无连接协议，Internet 网络中没有服务质量的概念，不能保证有足够的吞吐量和符合要求的传送时延，只是尽最大的努力来满足用户的需要，若不采取新的方法改善目前的网络环境就无法满足 5G 等新业务的发展需要。

　　为了改善 IP 网络的性能，业界提出了具有高带宽、面向连接特点的 ATM（Asynchronous Transfer Mode，异步传输模式）技术，ATM 作为一种快速分组交换技术，曾一度被认为是一种处处适用的技术，学术界曾期望要建立一个端到端的纯 ATM 网络。但是，因为纯 ATM 网络的实现过于复杂、建设成本太高，在实际网络中并未得到大规模的使用。

　　在融合了 IP 技术的灵活性和 ATM 技术的可靠性优点的基础上，IETF 提出了 MPLS（Multi-Propocol Label Switching，多协议标签交换）技术。MPLS 使用 ATM 技术，来完成第三层和第二层的转换，为每个 IP 数据包提供一个标签，与 IP 数据包一起封装到新的 MPLS 数据包，标签决定 IP 数据包的传输路径及优先顺序。同时，MPLS 路由器在 IP 数据包转发前仅读取包头标签，而不会去读取 IP 数据包中的 IP 地址等信息，因此数据包的交换转发速度大大加快，这些标签通常位于数据链路层的二层封装头和三层数据包之间，所以称 MPLS 为 2.5 层协议，如图 2-13 所示。

　　MPLS 支持多种网络层协议（IPv6、IPX、IP 等）及数据链路层协议（如 ATM、FR、PPP 等），同时由于其可为网络提供面向连接的服务，因此被广泛应用于 VPN（虚拟专用网络）业务当中。

为了帮助大家更好地理解 MPLS 技术的工作原理，我们先介绍一些 MPLS 技术中的基本概念和术语。

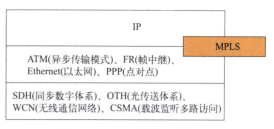

图 2-13　MPLS 在协议中的位置

（1）MPLS 标签

标签（Label）是一个比较短的、定长的、通常只具有局部意义的标识。MPLS 标签通常位于数据链路层的二层封装头和三层数据包之间。如图 2-14 所示，MPLS 标签头是一个固定长度的整数，具有 32bit 长度，用来识别某个特定的 FEC（Forwarding Equivalence Class，转发等价类）。

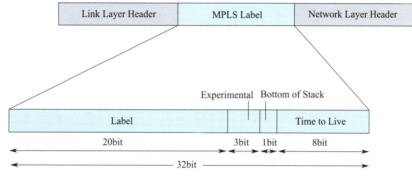

图 2-14　MPLS 标签头结构

MPLS 标签由下列字段组成。

标签值（Label）：该字段为 20bit，包含标签的实际值。

实验字段（Experimental，EXP）：该字段为 3bit，通常用作表示数据的 CoS（Class of Service，服务等级）。

栈底标志（S，Bottom of Stack）：该位置为"1"时，表示相应的标签是栈底标签；为"0"时，表示相应的标签不是栈底标签。

生存期（Time to Live，TTL）：该字段为 8bit，用于生存时间值的编码。

MPLS 支持多种数据链路层协议，标签栈都是封装在数据链路层信息之后，三层数据之前，只是每种协议对 MPLS 协议定义的协议号不同。在以太网中使用值 0x8847（单播）和 0x8848（组播）来标识承载的是 MPLS 报文；在 PPP 中，增加了一种新的 NCP（Network Control Protocal，网络控制协议）——MPLSCP，使用 0x8281 来标识。

MPLS 标签栈如图 2-15 所示，在 MPLS 网络中可以对报文嵌套多个标签，两个或更多的 MPLS 标签称为标签堆栈。

当报文被打上多个标签时，LSR（标签交换路由器）对其按照后进先出（Last In First Out）的方式进行操作，即 LSR 仅根据最顶部的标签进行转发判断，而不查看内部标签。正由于 MPLS 提供了标签嵌套技术，因此可应用于各种业务当中，如 MPLS VPN、流量工程等，都是基于多层标签嵌套技术实现的。

（2）转发等价类 FEC

FEC 是在转发过程中以等价的方式处理的一组数据分组，可以通过地址、隧道、CoS 等来标识创建 FEC。通常在一台设备上，对一个 FEC 分配相同的标签。

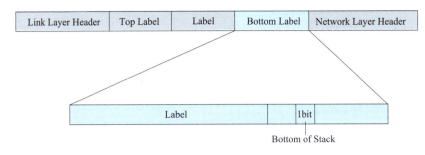

图 2-15　MPLS 标签栈

MPLS 实际是一种分类转发技术，将具有相同转发处理方式（目的地相同、使用的转发路径相同、服务等级相同等）的分组归为一类，即转发等价类。属于相同转发等价类的分组在 MPLS 网络中将获得完全相同的处理。在 LDP（Label Distribution Protocol，标签分发协议）的标签绑定过程中，各种转发等价类将对应不同的标签，在 MPLS 网络中，各个节点将通过分组的标签来识别分组所属的转发等价类。

当源地址相同、目的地址不同的两个分组进入 MPLS 网络时，MPLS 网络根据 FEC 对这两个分组进行判断，若发现是不同的 FEC，则使用不同的处理方式（包括路径、资源预留等），在入口节点处打上不同的标签，送入 MPLS 网络内部。MPLS 网络内部的节点将只依据标签对分组进行转发。当这两个分组离开网络时，出口节点负责去掉标签，此后，两个分组将按照所进入的网络的要求进行转发。

（3）LSR、LER、LSP 和 LDP

MPLS 中 LSR、LER、LSP 和 LDP 的概念如下。

标签交换路由器（LSR）：LSR（Label Switching Router），即 MPLS 标签交换路由器，LSR 是 MPLS 网络的核心路由器，提供标签交换和标签分发功能。

边缘标签交换路由器（LER）：LER（Label Switching Edge Router），即 MPLS 边缘路由器，处于 MPLS 的网络边缘，进入到 MPLS 域的流量由 LER 分配相应的标签，提供流量分类和标签映射、标签移除功能。

标签交换路径（Label Switching Path，LSP）：一个 FEC 的数据流，在不同的节点被赋予确定的标签，数据转发按照这些标签进行。数据流所走的路径就是 LSP。LSP 的建立是面向连接的，路径总是在数据传输之前建立。

标签分发协议（LDP）：MPLS 标签分发协议 LDP（Label Distribution Protocol）在 MPLS 域内运行，完成设备之间的标签分配。

如图 2-16 所示，MPLS 域，即运行 MPLS 协议的节点范围，包括 LSR、LER。

（4）LSP 的建立

标签交换路径 LSP 是使用 MPLS 协议建立起来的分组转发路径。这一路径由标签分组源 LSR 与目的 LSR 之间的一系列 LSR 以及链路构成。从另一个角度来说，LSP 的建立实际上就是路径上各个节点标签分配的过程。

在 MPLS 网络中，LSP 的形成分为三个过程。

a）网络启动之后在路由协议（如 BGP、OSPF、IS-IS 等）的作用下，各个节点建立自己的路由表。

b）根据路由表，各个节点在 LDP 的控制下建立标签信息库（Label Information Data-

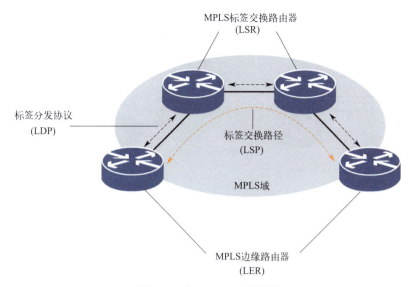

图 2-16 运行 MPLS 的网络

base，LIB）。

　　c）将入口 LSR、中间 LSR 和出口 LSR 的输入输出标签互相映射，构成一条 LSP。

　　为了帮助大家理解，下面我们通过一个例子来说明 LSP 的建立过程。

　　① 路由表的形成。如图 2-17 所示，网络中各路由器在动态路由协议（如 OSPF）的作用下交互路由信息，形成自己的路由表。如 RA、RB、RC 三台路由器上都学习到边缘网络的路由信息 47.1.0.0/16。

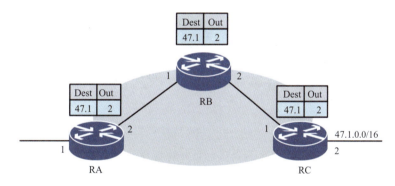

图 2-17 路由表的形成

　　② LIB 的形成。如图 2-18 所示，路由器之间运行标签分发协议来分配标签。

　　路由器 RC 作为 47.1.0.0/16 网段的出口 LSR，随机分配标签"40"，发送给上游邻居 RB，并记录在标签信息库 LIB 中。当路由器 RC 收到标签"40"的报文时就知道这是发送给 47.1.0.0/16 网段的信息。

　　当路由器 RB 收到 RC 发送的关于 47.1.0.0/16 网段及标签"40"的绑定信息后，将标签信息及接收端口记录在自己的 LIB 中，并为 47.1.0.0/16 网段随机分配标签发送给除接收端口外的邻居。假设 RB 为 47.1.0.0/16 网段分配标签"50"发送给邻居 RA。在 RB 的 LIB 中就产生这样的一条信息：

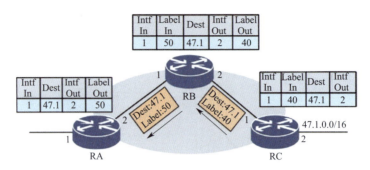

图 2-18 LIB 的形成

| IntfIn | LabelIn | Dest | IntfOut | LabelOut |
| 1 | 50 | 47.1.0.0 | 2 | 40 |

该信息表示，当路由器 RB 从接口 1 IntfIn 收到标签为"50"的报文时，将标签改为"40"并从接口 2 IntfOut 转发，不需要经过路由查找。同理，RA 收到 RB 的绑定信息后将该信息记录，并为该网段分配标签。

标签信息库（LIB）总是和 IP 路由表同步，一旦一条新的非 BGP 路由出现在 IP 路由表中，就会为该路由生成一个新标签。LSR 默认不会为 BGP 路由分配标签。

③ LSP 的形成。随着标签的交互过程的完成，就形成了标签交换路径 LSP。当进行报文转发时只需按照标签进行交换，而不需要路由查找，如图 2-19 所示。

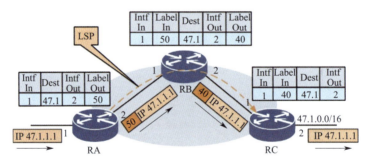

图 2-19 LSP 的形成

当路由器 RA 收到一个目的地址为 47.1.1.1 的报文后，先查找路由表，再查找标签转发表，找到 FEC 47.1.0.0/16 的对应标签"50"后，加入报文头部，从接口 2 IntfOut 发送。

路由器 RB 从接口 1 IntfIn 收到标签为"50"的报文后直接查找标签转发表，改变标签为"40"，从接口 2 IntfOut 发送。

路由器 RC 从接口 1 IntfIn 收到标签为"40"的报文后查找标签转发表，发现是属于本机的直连网段，删除标签头部信息，发送 IP 报文。

（5）倒数第二跳弹出机制

MPLS 域中的出口 LER 在收到 MPLS 邻居发送过来的数据包时，可能需要进行两次查找，即查找标签表，弹出标签，查找路由表，转发 IP 数据包。两次查找降低了该 LER 的性能，增加了转发的复杂性，可以使用倒数第二跳弹出机制解决该问题。如图 2-20 所示，RC 是 47.1.0.0/16 网段的出口 LER，RC 为 47.1.0.0/16 网段分配了特殊标签"3"，表示自己是最后一跳 LSR。当上游路由器 RB 收到 RC 分配的标签"3"时，就知道自己是倒数第二跳 LSR。

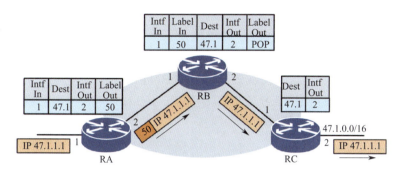

图 2-20　倒数第二跳弹出机制

在数据转发过程中，RB 从 RA 收到标签为"50"的数据包时，查找标签表发现出口标签是"3"，POP，因此数据包中的标签被弹出后转发给 RC。RC 收到未携带标签的 IP 报文后，按照目的地址查找路由表转发数据，无需再查找标签表。

（6）MPLS-TP 技术

在 PTN（4G 承载技术）网络中一般采用 MPLS-TP 技术，MPLS-TP，是一种从核心网向下延伸的面向连接的分组传送技术，其构建于 MPLS 技术之上，它的相关标准为部署分组交换传输网络提供了电信级的完整方案。MPLS-TP 对 MPLS 技术进行了简化和改造，去掉了那些与传输无关的 IP 功能，增加了 OAM 功能，更加适合分组传送。为了维持点对点 OAM 的完整性，引入了传送的层网络、OAM 和线性保护等概念，可以独立于客户信号和控制网络信号，满足传送网的需求。

MPLS 与 MPLS-TP 的区别如表 2-1 所示。

表 2-1　MPLS 与 MPLS-TP 的区别

功能项	IP/MPLS	MPLS-TP
IP 路由和控制信令	支持 LDP（Label Distribution Protocol，标签分发协议）、RSVP（Resource Reservation Protocol，资源预留协议）、CR-LDP（Constraint-based Routing Label Distribution Protocol，基于路由受限标签分发协议）、RSVP-TE（Resource Reservation Protocol-Traffic Engineering，基于流量工程扩展的资源预留协议）等控制信令	不支持
PHP 功能	支持	不支持
标签合并	支持	不支持
帧结构	支持	支持
标签交换	支持，使用单向 LSP，支持 LSP 的聚合	支持，使用双向 LSP，提供双向的连接，不支持 LSP 的聚合
QoS（Quality of Service，服务质量）区分服务	支持	支持
端到端 OAM	支持 MPLS OAM，功能较弱。仅仅支持简单的连通性检查和 APS（Automatic Protection Switching，自动保护倒换）	全面支持端到端 OAM 功能，包括 CC（Continuity Check，连续性检测）、LB（Loop-back，环回功能）、LT（Link Trace，链路跟踪）、LM（Loss Measurement，丢包测量）、DM（Delay Measurement，时延测量）等

续表

功能项	IP/MPLS	MPLS-TP
电信级保护	受制于 MPLS OAM 技术,缺乏端到端的保护能力	支持路径保护、环网保护等技术,提供电信级网络可靠性
与 IP/MPLS 核心网络互通	支持 NNI(Network Node Interface,网络节点接口)侧互通	支持 UNI(User Network Interface,用户网络接口)侧互通

在 4G 承载网技术选择上,中国移动使用 MPLS-TP 技术,为全球最大的使用 PTN 方案的运营商,中国联通使用 IPRAN 方案,采用 RSVP-TE 技术,中国电信使用 IPRAN 方案,采用 LDP 技术。

2.1.2.3　PWE3 技术

PWE3(Pseudo Wire Edge to Edge Emulation,端到端的伪线仿真),又称 VLL(Virtual Leased Line)虚拟专线,是一种业务仿真机制,它指定了在 IETF 特定的 PSN 上提供仿真业务的封装/传送/控制/管理/互联/安全等一系列规范。本质上来说,PWE3 是在分组网络中模仿 ATM、FR、TDM(Time Division Multiplexing,时分复用)电路等业务的二层业务承载技术,其基本原理是在以太网上搭建一个"隧道",将仿真数据流转换成分组,借助 PWE3 技术建立 PW 连接,利用隧道承载 PW,将数据流透传到目的端,目的端收到数据包后再恢复原始数据流,网络两端的设备不需关心其连接的网络。

MPLS 网络对仿真业务来说是透明传输,所以对传统的电信网络兼容性非常好,所有传统的协议、信令、数据、语音、图像等业务,都能够原封不动地使用该项新技术。相关的设备不需做任何改动,可使网络运营商充分利用现有资源,把传统业务承载在 MPLS 网络上。

PWE3 的基本传输构建如图 2-21 所示。

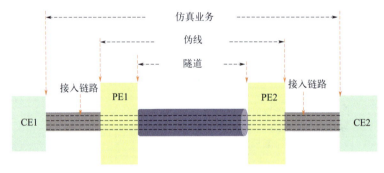

图 2-21　PWE3 传输构建

隧道(Tunnels):用于承载 PW,一条隧道上可以承载多条 PW,一般情况下为 MPLS-TP 双向隧道。

接入链路(Attachment Circuit,AC):CE(客户侧设备)与 PE(运营商网络边界设备)之间的连接链路或虚链路。AC 上的所有用户报文一般都要求原封不动地转发到对端站点去,包括用户的二、三层协议报文。

伪线(Pseudo Wire,PW):PWE3 中的伪线可以通过信令(LDP 或者 RSVP)来动态建立,也可以由网管静态分配。PW 对于 PWE3 系统来说,就像是一条本地 AC 到对端 AC 之间的直连通道,完成用户的二层数据透传,可以简单理解为一条 PW 代表一条业务。

PWE3 的仿真原理如图 2-22 所示。

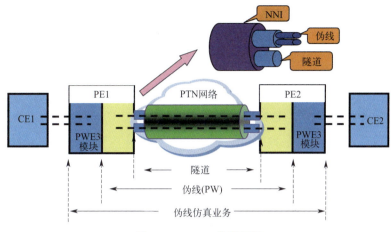

图 2-22　PWE3 仿真原理

① 隧道提供端到端（即 PE 的 NNI 端口之间）的连通，在隧道端点建立和维护 PW，用来封装和传送业务。将用户的数据报文封装为 PW PDU（PW Protocol Data Unit，PW 协议数据单元）之后通过隧道传送，对于客户设备而言，PW 表现为特定业务独占的一条链路或电路，我们称之为虚电路 VC，不同的客户业务由不同的伪线承载，此仿真电路行为被称作"业务仿真"。

② 伪线在 PTN 内部网络不可见，网络的任何一端都不必去担心其所连接的另外一端是否为同类网络。

③ 边缘设备 PE 执行端业务的封装/解封装，管理 PW 边界的信令、定时、顺序等与业务相关的信息，管理业务的告警及状态等，并尽可能真实地保持业务本身具有的属性和特征。客户设备 CE 感觉不到承载网络的存在，认为处理的业务都是本地业务。

2.1.2.4　MPLS L2VPN 技术

随着网络经济的发展，越来越多的企业的分布范围日益扩大，合作伙伴日益增多，公司员工的移动性也不断增加。这使得企业迫切需要借助电信运营商网络连接企业总部和分支机构，组成自己的企业网，同时移动办公人员能在企业以外的地方访问企业内部网络。

最初，电信运营商是以租赁专线（Leased Line）的方式为企业提供二层链路，这种方式主要存在建设时间长、价格昂贵、难于管理等缺点。此后，随着 ATM 和 FR 技术的兴起，电信运营商转而使用虚电路方式为客户提供点到点的二层连接，客户再在其上建立自己的三层网络以承载 IP 等数据流。虚电路方式与租赁专线相比，运营商提供服务的时间短、价格低，能在不同专网之间共享运营商的网络架构。

但是虚电路这种传统专网也存在很多不足之处。首先是其特别依赖于专用的介质（如 ATM 或 FR），为了提供基于 ATM 或 FR 的 VPN 服务，运营商需要建立覆盖全部服务范围的 ATM 或 FR 网络，在网络建设上容易造成浪费。其次，它的速率较慢，达不到当前 Internet 中已实现的速率。另外，部署复杂，尤其是向已有的私有网络加入新的站点时，需要同时修改所有接入此站点的边缘节点的配置。

为了解决以上问题，引入了 VPN（Virtual Private Network，虚拟专用网）技术，VPN 是依靠 ISP（Internet Service Provider，因特网服务提供者）和 NSP（Network Service

Provider，网络服务提供商），在公共网络中建立的虚拟专用通信网络。MPLS VPN 是一种基于 MPLS 技术的 IP-VPN，MPLS VPN 根据 PE 设备是否参与 VPN 路由处理分为 MPLS L2VPN 和 MPLS L3VPN，其中，MPLS L3VPN 即 MPLS/BGP VPN。

L2VPN 是指 VPN 站点之间通过数据链路层互联，在网络上透传用户二层数据的技术，可以在不同站点之间建立二层连接，如图 2-23 中的 VPN1 和 VPN2。根据 VPN 成员之间的连接关系，MPLS L2VPN 分为 E-LINE、E-LAN 和 E-TREE 三种类型。

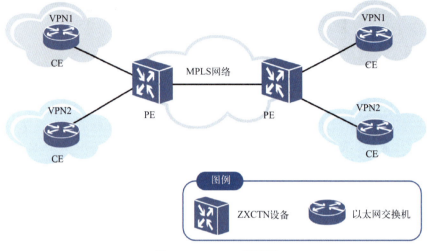

图 2-23　L2VPN 组网图

（1）E-LINE

E-LINE（Ethernet Private Line Service，以太网专线）是一种点对点的 L2VPN 业务，通过在两个路由器之间建立隧道实现高速的二层透传，如图 2-24 所示。细分为 EPL（Ethernet Private Line，以太网专线）业务和 EVPL（Ethernet Virtual Private Line，以太网虚拟专线）业务，EPL 业务中用户独立使用 UNI 侧端口，EVPL 用户需要复用 UNI 侧端口。E-LINE 业务要求两个 PE 路由器之间实现二层透传的两个端口必须是相同的接口类型。

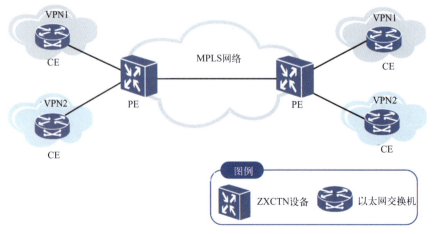

图 2-24　E-LINE

EPL 业务通过标签栈来实现用户报文在 MPLS 网络中的透明传递，如图 2-25 所示。

EPL 的工作机制是通过 PE 的 UNI 接入识别不同 VPN 的接入，对用户报文打上内层标签使对端 PE 识别，再由 PE 决定通过哪条公共隧道对用户报文进行传输，加上对应的外层标签将报文传递给对端 PE，从而建立用户之间点到点的对应关系。

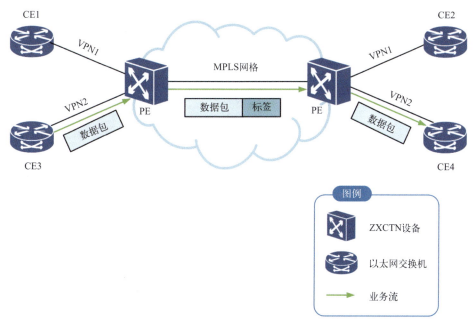

图 2-25 EPL 业务工作原理

（2）E-LAN

E-LAN（Ethernet Private LAN Service，以太网专网）是一种多点对多点的 L2VPN 业务，如图 2-26 所示，能在 MPLS/IP 核心传输网络上提供以太网的仿真业务，将多个 LAN（Local Area Network，局域网）/VLAN（Virtual Local Area Network，虚拟局域网）网络连在一起，细分为 EPLAN（Ethernet Private LAN，以太网专用局域网）业务和 EVPLAN（Ethernet Virtual Private LAN，以太网虚拟专用局域网）业务，EPLAN 业务中用户独立使用 UNI 侧端口，EVPLAN 业务中用户需要复用 UNI 侧端口。

一个完整的 EPLAN 业务至少包括三个 PE、三个 CE 和连接 PE 的伪线。如图 2-27 所示，CE 设备通过 AC（接入链路）接入 PE。PE 负责将 VPN 客户的普通数据包在传输之前打上标签并在收到之后去掉标签，三个部分间实现信息共享。

（3）E-TREE

E-TREE（Ethernet Private Tree Service，以太网树型专网）是一种点对多点的 L2VPN 业务，如图 2-28 所示。E-TREE 中存在一个根节点和多个叶节点，根节点和各叶节点之间能通信，叶节点之间不能通信。E-TREE 可以使用户从多个地理位置分散的点同时接入网络。如图 2-28 所示，PE-R 为根节点，PE-L1～PE-L5 为叶节点。E-TREE 细分为 EPTREE（Ethernet Private Tree，以太网树型专网）业务和 EVPTREE（Ethernet Virtual Private Tree，以太网虚拟树型专网）业务，EPTREE 业务中用户独立使用 UNI 侧端口，EVPTREE 用户需要复用 UNI 侧端口。

一个完整的 EPTREE 业务包括若干 PE、CE 和连接两个 PE 的伪线。业务通信只存在于根节点与各叶节点之间，而下游的叶节点之间没有设备连接线，不能相互通信。如图 2-29 所

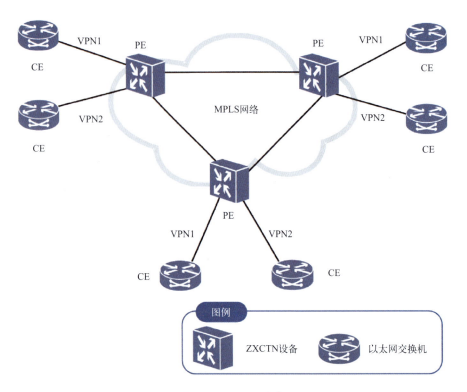

图 2-26　E-LAN 业务

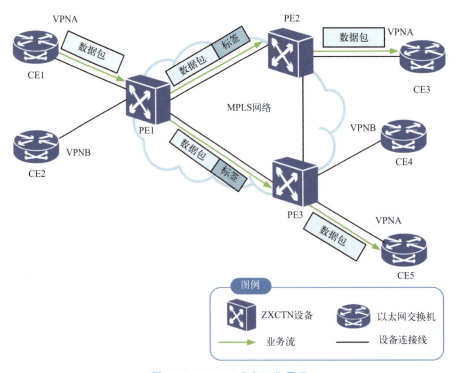

图 2-27　EPLAN 业务工作原理

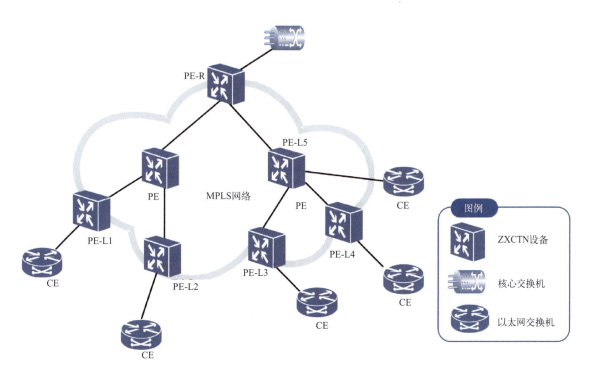

图 2-28 E-TREE 业务

示,CE 设备通过 AC 接入 PE。根节点 PE 负责将 VPN 客户的普通数据包在传输之前打上标签并传送给下游各叶节点,叶节点 PE 在收到报文之后去掉标签,将其发送给对应 CE。

(4) MPLS L2VPN 报文封装

MPLS L2VPN 业务在 PE 节点处的报文封装格式如图 2-30 所示。

报文各字段含义如表 2-2 所示。

表 2-2 报文各字段含义

字段名	含义
FCS	帧校验序列
Customer Frame	用户数据,净荷
CW	控制字(可选)
PW_L	伪线标签(TMC)
Tunnel_L	隧道标签(TMP)
0x8847	PwOverTmpls 标识
SVLAN	外层封装的服务层 VLAN tag
etype	以太网类型和长度域
SA	以太网封装源 MAC
DA	以太网封装目的 MAC

报文转发过程如图 2-31 所示,VPN1 网络中的用户发送数据报文,经过 CE 上送到 PE,PE 接收到报文后,由转发器选定转发报文的 PW,系统根据 PW 的转发表项,压入伪线标签,并送到外层隧道,压入隧道标签,报文在公网转发时都要根据下一跳地址修改 DA、

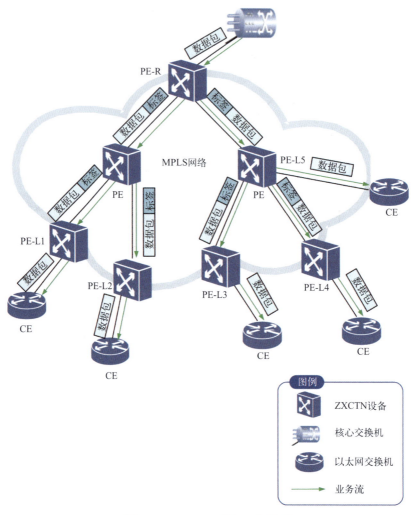

图 2-29　EPTREE 业务工作原理

| FCS | Customer Frame | CW | PW_L | Tunnel_L | 0×8847 | SVLAN | etype | SA | DA |

图 2-30　MPLS L2VPN 报文封装格式

SA、VLAN tag，并修改 FCS。经过骨干网的隧道，在倒数第二跳时弹出隧道标签，传送到远端 PE，在远端 PE，根据伪线标签，确定要转发的 CE，剥离伪线标签，将报文还原为原始报文，发送给远端 CE。

2.1.2.5　MPLS L3VPN 技术

（1）MPLS L3VPN 的优点

MPLS L3VPN 是一种基于 MPLS 技术的 IP VPN，也就是三层 VPN，是在网络路由和交换设备上应用 MPLS 技术，简化核心路由器的路由选择方式，利用结合传统路由技术的标签交换实现的 IP 虚拟专用网络。在基于 IP 的网络中，MPLS 具有很多优点。

① 降低成本。MPLS 使 L2 和 L3 技术有效地结合起来，降低了成本，保护了用户的前

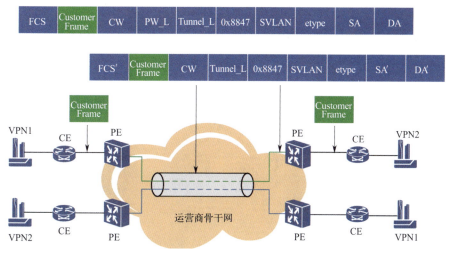

图 2-31 L2VPN 报文转发过程

期投资。

② 提高资源利用率。由于 VPN 之间相互隔离,不同 VPN 网络中的设备可以使用重复的 IP 地址,提高了 IP 资源利用率。

③ 提高网络速度。由于使用标签交换,缩短了每一跳过程中地址查找的时间,减少了数据在网络传输中的时间,提高了网络速度。

④ 提高灵活性和可扩展性。由于 MPLS 使用的是 AnyToAny 的连接,提高了网络的灵活性和可扩展性。灵活性方面,可以制定特殊的控制策略,满足不同用户的特殊需求,实现增值业务。可扩展性方面,网络中可以容纳的 VPN 数目更大,在同一 VPN 中的用户数也很容易扩充。

⑤ 方便用户。MPLS 技术被广泛地应用在各个运营商的网络当中,这对企业用户建立全球的 VPN 带来极大的便利。

⑥ 提高安全性。采用 MPLS 作为通道机制实现透明报文传输,MPLS 的 LSP 具有与 FR(帧中继)和 ATM 的 VCC(Virtual Channel Connection,虚通道连接)类似的高可靠安全性。

⑦ 增强业务综合能力。网络能够提供数据、语音、视频相融合的功能。

(2)MPLS L3VPN 术语

为了便于大家理解,先介绍一些常见的术语,如图 2-32 所示。

MPLS/BGP VPN 网络架构包括以下类型的网络设备。

① PE(运营商边缘路由器):在运营商网络中连接客户站点中的 CE 设备的路由器。PE 路由器支持 VPN 和标签功能,在单个 VPN 内,成对的 PE 路由器之间通过隧道进行连接,这个隧道通常是标签交换路径(LSP)。

② P(运营商路由器):在运营商网络核心的路由器,没有和任何客户站点中的路由器连接。运营商路由器支持 MPLS LSP,但是不需要支持 VPN 功能。

③ CE(客户边缘设备):客户站点中连接运营商网络的路由器或者交换机。CE 设备通常是 IP 路由器,VPN 功能由 PE 路由器提供,P 和 CE 路由器没有特别的 VPN 配置需求。

(3)MPLS L3VPN 实现原理

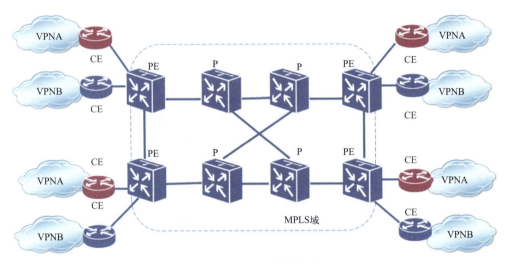

图 2-32　L3VPN 网络架构

在 MPLS/BGP VPN 中关键要实现两个目标。

① VPN 的路由信息仅能由本 VPN 的设备学习而不能被 P 设备及其他 VPN 设备学习。

② PE 设备上需保存各组 VPN 及公共网络的相关路由信息，但互相之间不能有影响。

通过在 PE 两点间运行 BGP 协议，实现路由信息仅在单个 VPN 的 PE 之间交互。BGP 是通过 TCP 建立 Peer（对等体）的，因此可以指定在同组 VPN 的 PE 之间建立 BGP 连接，交互用户的路由信息，达到不被公共网络上的其他设备学习的目的。

为了在 PE 上识别不同的 VPN 的路由信息，MPLS/BGP VPN 提出了 VRF（Virtual Routing and Forwarding，虚拟路由和转发）的概念。在 PE 上为每个 VPN 设定一个 VRF，此 VRF 中仅保存本 VPN 相关的路由信息，它们都是互相独立的，拥有各自的接口表、路由表、标签表、路由协议等。在 VRF 维护的路由表中包括 VPN 直连路由、从本端 CE 接收到的路由，以及从其他 PE 路由器接收到的本 VPN 内其他路由。当 PE 收到数据报文后，需要根据该报文所属的 VRF 进行查找转发，不能跨 VRF 转发，因此实现了不同 VPN 间的隔离。所以说通过在 PE 上划分不同的 VRF，就相当于把一台路由器虚拟成了多台路由器，它们分别进行路由的学习和维护，互不通信。

在图 2-33 中，PE1 连接了两个 VPN，创建了两个 VRF，PE 还要存储公网路由信息，因此，该 PE 维护了三张路由表，分别是 VPN1 路由表、VPN2 路由表和公网路由表。从 VPN1 的用户处收到报文后，PE 仅能在 VPN1 的路由表中查找，因此 VPN1 用户与 VPN2 用户、公网都不能通信，起到了隔离的作用。

为了实现 PE 接口与 VPN 的关联，在 PE 上为不同的 VPN 配置不同的 VRF，并将相关的用户接口加到此 VRF 中。当 PE 收到报文后，根据接收接口的 VRF 属性就可以判断出 VPN 信息，如果接收接口不存在 VRF 属性，就说明这是公网报文。在图 2-34 中，PE 连接了两个 VPN 用户，因此在 PE 上分别为它们创建了 VRF，并将 fei_1/1 接口加入 VPN1 的 VRF 中，将 fei_1/2 接口加入 VPN2 的 VRF 中。因为 fei_1/3 是连接公网的接口，所以不需要划分 VRF。

三层 VPN 可能通过公用 Internet 网络连接私有网络，这些私有网络既可以使用公有地址，也可以使用私有地址，当私有网络使用私有地址时，不同私有网络之间的地址可能发生重叠。在图 2-35 中，VPN1 和 VPN2 都有 10.0.1.0/24 网段，当 PE1 向外发送 10.0.1.0/24 网段路由信息时如何判断这究竟是哪个 VPN 的呢？

为了解决用户的地址复用问题，MPLS/BGP VPN 在发送路由信息时构建了一种新的地址结构：VPN-IPv4 地址，如图 2-36 所示。

VPN-IPv4 地址的格式为 8 字节的路由标识符（RD，Route Distinguisher）加上 4 字节的 IP 地址，其中，RD 的作用是将其添加到一个 IPv4 地址前，使之成为全局唯一的 VPN-IPv4 地址。路由标识符用于区别 VPN 的 8 字节值，路由标

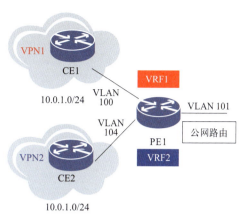

图 2-33　VRF 隔离不同 VPN 路由

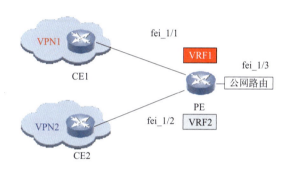

图 2-34　VRF 绑定用户侧接口

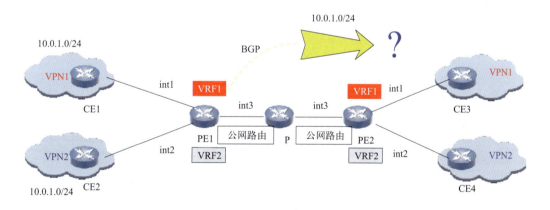

图 2-35　VPN 中私网地址复用

识符（RD）由下列域组成。

① 类型域（2 字节）：决定其他 2 个域的长度。

如果类型域的值是 0，管理者（ADM）域就是 2 字节，分配号（AN）域是 4 字节，格式为 16 位自治系统号：32 位用户自定义数字。例如：100：1。

如果类型域的值是 1，管理者（ADM）域就是 4 字节，分配号（AN）域是 2 字节，格

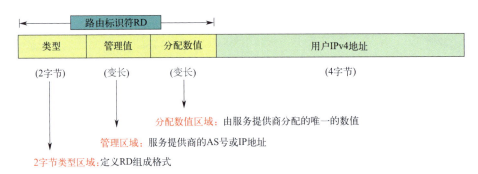

图 2-36　VPN-IPv4 地址结构

式为 32 位 IPv4 地址：16 位用户自定义数字。例如：172.1.1.1：1。

如果类型域的值是 2，管理者（ADM）域就是 4 字节，分配号（AN）域是 2 字节，格式为 32 位自治系统号：16 位用户自定义数字，其中的自治系统号最小值为 65536，例如：65536：1。

② 管理者（ADM）域：标识一个管理分配号。

当类型域值为 0 时，管理者域包含一个 2 字节 AS 号。当类型域值为 1 时，管理者域包含一个 4 字节 IPv4 地址。当类型域值为 2 时，管理者域包含一个 4 字节 AS 号。

③ 分配号域：由网络运营商分配的号码。

当类型域值为 0 时，分配号域是 4 字节长。当类型域值为 1、2 时，分配号域是 2 字节长。

例如 RD 20491：21，表示该运营商 AS 为 20491，它为此 VPN 分配的本域内唯一标识是 21，因此，通过公有 AS 号及分配的唯一标识，使得网络内的 IP 地址被区分，解决了地址复用问题。

路由标识符（RD）只用于 PE 和 CE 路由器之间，用于区别不同 VPN 的 IPv4 地址。入口 PE 路由器生成一个路由标识符（RD），并将接收到的 CE 的 IPv4 路由转化为 VPN-IPv4 路由。出口 PE 路由器，在将路由通告给 CE 路由器前，将 VPN-IPv4 路由转化为 IPv4 路由。

PE 路由器通过 PE-CE 的路由协议（可以是 IGP，也可以是 BGP），从 VRF 接口学习到客户的路由后，路由被放入 VRF 路由表。客户 VPN 路由的 IPv4 地址加上 VRF 中配置的 RD 后成为 96bit 的 VPN-IPv4 地址，从而使得每一个客户的 VPN-IPv4 路由具有唯一性，可以很安全地在运营商网络中传输。而到目前为止我们接触的 BGP，都只能够承载 32bit IPv4 的路由前缀。要承载 96bit 的 VPN-IPv4 前缀，就需要对 BGP 做一些协议上的扩展，我们把这种扩展后的、能够支持多协议的 BGP 称为 Multi-prototol BGP，简称 MP-BGP（下文用 MBGP 表示）。通过构建起来的 MP-BGP 连接，VPN-IPv4 路由被传递到其他 PE 设备上。

当入口 PE 学习到本地 CE 端发送的路由信息后，将此 IPv4 路由信息添加上本 VPN 对应的 RD，变成 VPN-IPv4 地址结构，通过 MBGP 发送给对端 PE。VPN-IPv4 地址仅在 PE 之间路由学习时使用，即在 MBGP 传递路由消息时使用，而数据报文转发时不会使用 VPN-IPv4 地址，因此它仅存在于公共网络中，CE 上不会收到 VPN-IPv4 路由信息。出口 PE 收到 MBGP 传递的路由信息后，根据 VPN-IPv4 地址进行区分，解决地址复用问题。

在图 2-37 中，PE1 为 VPN1 分配的 RD 是 10670：11，为 VPN2 分配的 RD 是 10670：12。在 VPN1、VPN2 中都有 10.0.1.0/24 网段信息。当 PE1 传递 VPN1 中的 10.0.1.0/24 网段信息给对端 PE2 时，根据路由接收端口 int1 所在 VRF 信息判断所属 VPN，然后将此路由的目的 IPv4 地址加上 RD，变为 VPN-IPv4 地址即 10670：11：10.0.1.0/24，通过 MBGP 发送给对端 PE2。PE2 收到 MBGP 的路由消息后，根据 VPN-IPv4 地址信息区分 VPN 路由。

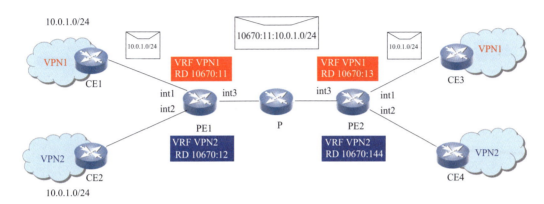

图 2-37 RD 解决地址复用问题

因此，MPLS/BGP VPN 通过 RD 构建网络唯一的 VPN-IPv4 地址来实现路由信息的 VPN 识别，解决用户地址复用问题。

MPLS/BGP VPN 通过 RT（Route target，路由目标）来控制 VPN 路由信息的发布。RT 属性分为 Import target 和 Export target 两类。Export target 属性：本地 PE 从与自己直接相连的 Site（站点）学习到 IPv4 路由后，将其转换为 VPN-IPv4 路由，为 VPN-IPv4 路由设置 Export target 属性并发布给其他 PE。Import target 属性：PE 在接收到其他 PE 发布的 VPN-IPv4 路由时，检查其 Export target 属性。只有当此属性与 PE 上某个 VPN 实例的 Import target 属性匹配时，才把路由加入该 VPN 实例的路由表中。

与 RD 类似，RT 也有三种格式。

① 16 位自治系统号：32 位用户自定义数字，例如 100：1。

② 32 位 IPv4 地址：16 位用户自定义数字，例如 172.1.1.1：1。

③ 32 位自治系统号：16 位用户自定义数字，其中的自治系统号最小值为 65536，例如 65536：1。

正是 RT 的这两个路由策略属性使得 VPN 可以灵活部署，常见的 VPN 连接方式有 Hub-spoke 连接和全网状连接。

如图 2-38 所示，在全网状连接中，各节点 RT 中的 Import target 和 Export target 一致，这样网络中的各节点都能学习到全网路由信息。

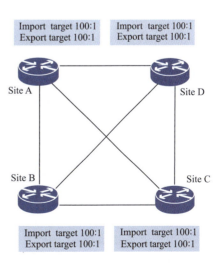

图 2-38 全网状 VPN

如图 2-39 所示，在 Hub-spoke 连接中，各个节点 RT 的属性不一样。本例中核心节点 Site A 的 RT 设置中，Import targe 是 100：1，Export target 是 200：1，而其他节点的 RT 设置中，Import target 是 200：1，Export target 是 100：1。这样当其他节点发送路由信息时携带的 Export target 是 100：1 时，只能由 Import target 是 100：1 的设备接收。因此，其他节点的路由信息只能被核心节点学习而不能被其他节点学习。而从核心节点发送的路由信息属性是 200：1，其他节点的 Import target 都是 200：1，所以可以学习到核心节点发送的路由信息。这样就组成了 Hub-spoke 的连接方式，该方式经常应用在一些企业的总部和分部之间。如银行系统中，总部可以获得分行的信息，而各分行之间不能互相通信。

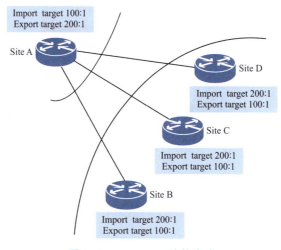

图 2-39 Hub-spoke 连接方式

在解决了不同 VPN 之间如何进行路由学习又能保证不冲突的问题后，接下来我们结合下面例子来学习一下 L3VPN 的路由发布过程，如图 2-40 所示。

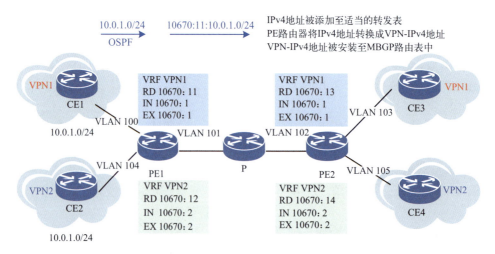

图 2-40 L3VPN 路由发布过程 1

本例中，服务提供商为 VPN1 创建了 VRF VPN1，RD 是 10670：11，RT 的 Import target（IN）和 Export target（EX）都是 10670：1。CE 与 PE 之间的路由信息交互可以通过静态路由或者传统的路由协议来传递。PE 会为每个 VRF 单独运行路由协议，且 VRF 之间相互不会产生影响。

① CE1 传递给 PE1 一条关于 VPN1 中的 10.0.1.0/24 的路由信息。PE1 学到路由信息后根据接收接口对应的 VRF 属性判断 VPN 信息,存放在相应的 VRF 路由表中。然后根据该 VRF 的 RD 属性构建 VPN-IPv4 地址,即 10670:11:10.0.1.0/24。

② 如图 2-41 所示,在 PE1 通过 MBGP 传递 10670:11:10.0.1.0/24 路由信息时,首先分配给此 VPN 地址一个内部标签"31",并记录在私网标签表中。这个标签在本机是唯一的,因此 PE 可以根据数据报文中携带的内部标签找到该报文对应的 VPN。然后根据 RT 中的 Export target(EX)属性 10670:1 添加路由属性,并且指定该路由信息的下一跳是 PE1,通常使用 PE 的 Loopback 接口来表示。

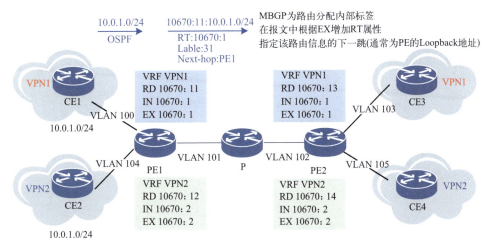

图 2-41　L3VPN 路由发布过程 2

③ 在 PE 与 P 路由器之间则采用传统的 IGP 协议相互学习路由信息,采用 LDP 协议进行路由信息与标记(骨干网络中的标记,以下称为外部标记)的绑定,如图 2-42 所示。

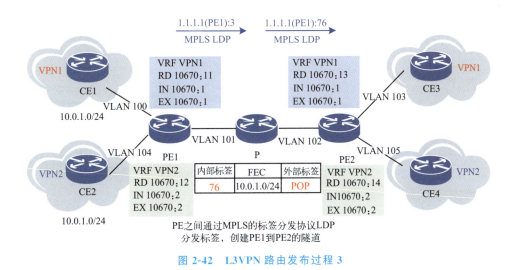

图 2-42　L3VPN 路由发布过程 3

④ PE2 收到了 PE1 发送的 MBGP 路由通告消息后学习并保存相关信息,包括 VPN 路

由信息 10670：11：10.0.1.0/24、MBGP 为该 VPN 路由分配的内部标签"31"、到达该 VPN 路由的下一跳地址 PE1，以及通过公网到达 PE1 的外部标签"76"，如图 2-43 所示。

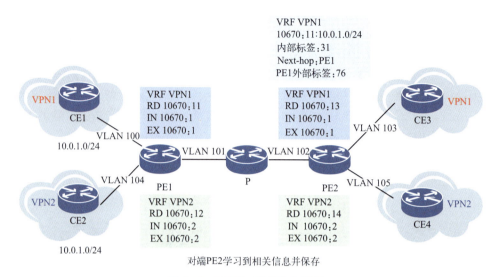

图 2-43　L3VPN 路由发布过程 4

⑤ PE2 将通过传统路由协议向 CE3 传递路由信息，使 CE3 学习到 CE1 中的路由信息，VPN1 路由表同步，如图 2-44 所示。

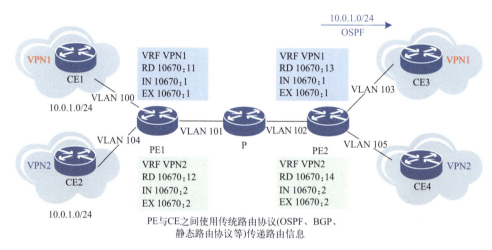

图 2-44　L3VPN 路由发布过程 5

此时，CE、PE 和 P 路由器中基本的网络拓扑及路由信息已经形成。PE 路由器拥有了骨干网络的路由信息以及每一个 VPN 的路由信息。

路由发布完成之后，接下来就是数据转发过程。

① 在本例中，CE3 发送报文与 CE1 通信，目的地址是 10.0.1.1，这是一个不存在标签封装的普通报文。CE3 在本机查找路由，转发给该路由的下一跳 PE2，如图 2-45 所示。

② 如图 2-46 所示，PE2 收到报文后，根据接收接口 VLAN 103 的 VRF 属性查找 VPN1 的路由表。在 VPN1 路由表中查到该目的网段对应的标签是"31"，下一跳是 PE1。这时再按照 PE1 的地址查找公网标签表，找到 PE1 对应的标签是"76"。PE2 就对此报文封

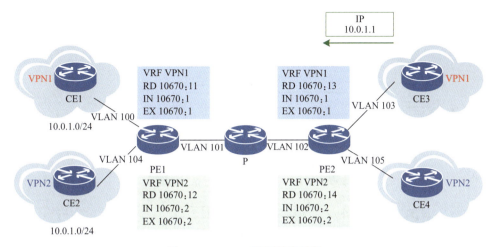

图 2-45　L3VPN 数据转发过程 1

装两层标签，公网标签是"76"指明该报文要发给 PE1，私网标签"31"表明是 VPN1 的用户报文。

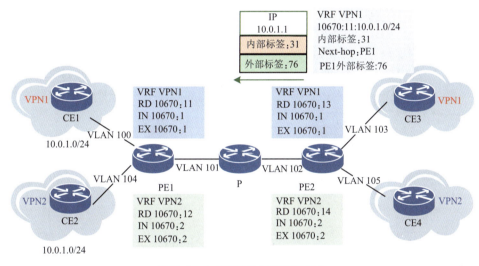

图 2-46　L3VPN 数据转发过程 2

③ 当 P 设备收到此报文后，查看外部标签"76"，找到对应替代标签"3"，POP，就根据倒数第二条弹出机制将外层标签弹出，从接口把报文发给 PE1。在 P 的转发过程中不查看内层标签信息，如图 2-47 所示。

④ PE1 收到报文后根据内部标签进行查找。因为 PE1 通过 MBGP 在对 VPN-IPv4 路由分配标签时都是唯一的，所以 PE1 可以根据此内部标签找到对应的 VPN1，将标签弹出，并发送普通的用户报文给 CE1，如图 2-48 所示。

这样，就完成了 CE3 与 CE1 的通信过程。

2.1.2.6　HoVPN 原理介绍

MPLS L3VPN 网络平面架构中包括 PE、P、CE 三种设备，其中 PE 运行在网络的边缘，直接和用户 CE 相连，对 VPN 的所有处理都发生在 PE 上，如果某些 PE 存在性能和扩

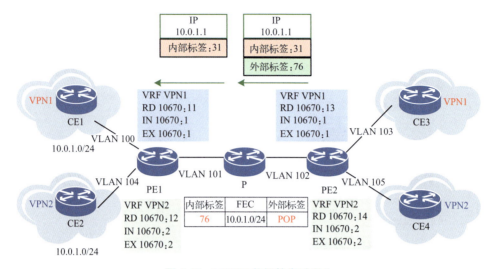

图 2-47　L3VPN 数据转发过程 3

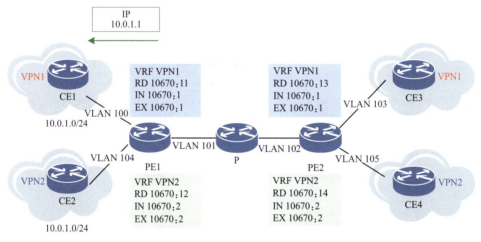

图 2-48　L3VPN 数据转发过程 4

展性问题，则会制约整个网络 VPN 业务的扩展和覆盖能力。

为了适应当前城域网典型结构——接入层—汇聚层—核心层的分层结构，MPLS L3VPN 网络分层结构应运而生。MPLS L3VPN 网络分层结构的设计思路如下。

① 将 PE 分为多个层次，共同完成一台 PE 的功能。

② 与分层分级网络相适应，网络层次越高的 PE 容量和性能要求越高，网络层次越低的 PE 容量和性能要求越低。

③ 网络层次越低，PE 数量越大，用户接入能力越强。

④ 网络框架可以满足网络的分层扩展、无限延伸的要求。

⑤ 在框架中充分考虑跨 AS 连接。

以上描述就是 HoPE（Hierarchy of PE，分层 PE），可以将 PE 分为任意多个层次，实现无限扩展和延伸。PE 的分层带来了 MPLS L3VPN 业务的分层，即 HoVPN，它将传统 MPLS L3VPN 的 PE 设备从一台演化为多台设备。与用户的 CE 设备直接相连的 PE 设备称为下层 PE（Under-Layer PE 或 User-End PE），简写为 UPE。连接 UPE 并位于网络内部的设备称为上层 PE（Super-Stratum PE 或 Service-Provider-End PE），简写为 SPE。多个 UPE 和一个 SPE 构成分层式 PE，共同实现一个传统 PE 的功能，如图 2-49 所示。

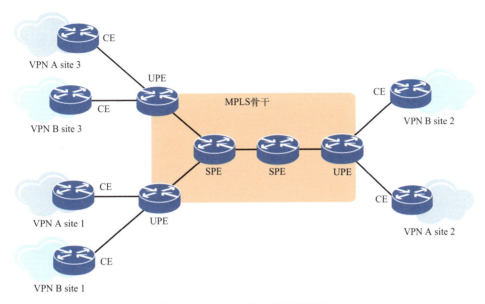

图 2-49　HoVPN 基本架构示意图

SPE 和 UPE 的主要分工如下。

① UPE 的作用主要是用户的接入，只维护与其直接连接的 VPN 站点路由，不维护其他远端站点的路由而仅维护自身的缺省路由。UPE 为其直连站点的路由分配私网标签，并通过 MBGP 随 VPN 路由发布这个标签给 SPE。

② SPE 的作用主要是 VPN 路由的维护及扩散，需要维护 VPN 的所有路由，包括本地和远端站点的路由。SPE 将缺省路由信息发布给 UPE，并携带标签。

SPE 和 UPE 的这种分工体现了不同层次 PE 的特点：SPE 的路由表容量大，转发性能强，但接口资源较少；UPE 路由和转发性能较低，但设备数量大，接入能力强，可以就近接入。HoPE 充分利用了 SPE 的转发性能和 UPE 的接入能力。

需要说明的是，UPE 和 SPE 实际上是相对的概念。在多级 HoPE 的结构中，上层相对于下层就是 SPE，下层相对于上层就是 UPE。分层 PE 从外部看同传统 PE 没有任何差别，可以在同一个 MPLS 网络中共存，SPE 和 UPE 之间运行 MBGP。

2.1.3　任务实施

根据所学知识，回答下列问题。

（1）如图 2-50 所示，什么是 VPN？什么是 MPLS 域？

【解答】VPN 指的是虚拟专用网络，可以提供在同一张公网上搭建多张逻辑私网的服务，从而实现不同客户共享网络资源但是又互相隔离的效果。MPLS 域指的是所有运行 MPLS 协议的路由器的集合，一般指的是运营商的网络，即公网。

（2）CE、PE、P 这几种角色的区别是什么？它们在 5G 承载网中又承担何种功能？

【解答】CE 是客户侧网络的边缘设备，用于与运营商网络对接。PE 设备是运营商网络

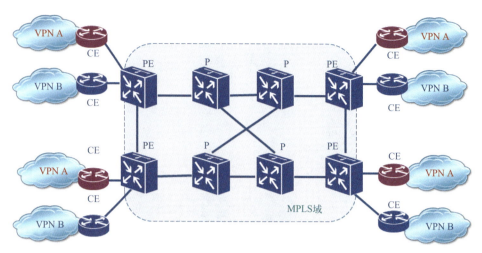

图 2-50　L3VPN 网络架构

的边界设备,负责 CE 侧业务的接入、VPN 路由的管理以及标签的映射。P 设备位于运营商网络的内部,负责维护公网路由,实现两侧 PE 之间的 IP 可达性,不管理客户侧私网路由。

(3) L3VPN 中 VPN A 和 VPN B 两个用户都需要通过图中 MPLS 域发送数据,采用何种技术能保持它们之间的数据隔离?

【解答】在数据转发层面利用 VRF,通过在 PE 上创建不同的 VRF,每个 VRF 绑定跟 VPN 用户对接的接口,从而实现数据的隔离。在路由发布层面,利用 RD 唯一标识每个 VPN 用户,RT 控制 VPN 用户之间的路由接收和发布。

(4) CE 与 PE 之间运行何种协议?PE 与 P、PE 之间又需要运行何种协议?

【解答】CE 和 PE 之间可以运行 OSPF、IS-IS 等 IGP 协议,PE、P 与 PE 之间先运行 IGP 协议,再运行 MPLS 协议,如 LDP、RSVP 等,最后 PE 之间还需运行 MBGP 协议。

任务 2.2　SPN 技术认知

2.2.1　任务分析

为了满足 5G 承载网的大带宽、低时延和灵活组网需求,SPN 网络中引入了 FlexE 和 SR 技术,通过本任务的学习,需要掌握 FlexE 和 SR 技术的基本概念和工作原理,能够根据给出的 5G 网络业务承载模型详细说明其中运用的关键技术及在网络中的作用。

2.2.2　知识准备

2.2.2.1　FlexE 技术

传统以太网技术标准中,以太网业务速率和物理通道速率配合一致,两者同步发展。当以太网业务速率提升到 100GE 以上时,单个高速率光模块的性价比急剧下降,例如一个

FlexE 技术(1)

400GE 速率光模块的价格超过了 4 个 100GE 速率光模块。在这种背景之下，FlexE 技术产生了。

FlexE（Flex Ethernet，灵活以太网）协议标准由 OIF（Optical Internetworking Forum，光互联网论坛）制定，该协议提供了支持各种以太网 MAC 速率的通用机制，这些速率可能对应于也可能不对应于任何现有的以太网物理层速率，包括大于（通过链路捆绑）和小于（通过子速率和通道化）用于承载 FlexE 的以太网物理层速率。FlexE 技术最初目的在于解决物理链路带宽不足的问题，实现业务速率和物理通道速率的解耦，例如当客户业务速率是 400GE 时，物理通道速率可以是 100GE 或其他小于 400GE 的速率。

FlexE 技术中的客户业务不一定在一个物理通道上传递，而是在由多个物理通道捆绑起来形成的一个虚拟的逻辑通道上传递。业务速率和物理通道速率解耦后，客户业务速率可以是多样的，物理通道的速率也是多种速率的、相互独立的，这样大带宽的客户业务可以由多个低速物理通道捆绑起来进行传递，解决了高速物理通道性价比不高的问题。

另外，采用 FlexE 技术，除了实现大速率的客户业务通过多个低速物理通道进行传递，也可以实现多个小速率客户业务在一个高速物理通道共享传递，且多条业务流之间是切片隔离的，互不影响。FlexE 技术实现了网络切片功能，提高了物理通道的带宽利用率。

总的来说，FlexE 可以满足以下需求。

① 满足大带宽传输需求。业务速率和物理通道速率解耦后，客户业务速率可以是多样的，物理通道的速率也可以是多种速率。大带宽的客户业务可以由多个低速物理通道捆绑起来进行传递，实现低速物理通道承载高速业务。

② 满足超低时延转发需求。业务报文可以直接在设备的物理层（PCS 层）进行转发处理，不需要解封装至二层（MAC 层）进行缓存，等价于转发过程瞬时实现。

FlexE 技术降低了网络设备的扩建成本，逐步完善的 OAM 功能满足网络维护管理需要，这些优势特点很好地满足了 5G 承载网络的技术需求，它是 5G 承载网当中至关重要的技术。

为了更好地理解 FlexE 的工作原理，下面先学习 IEEE 802.3 以太网的协议层级，如图 2-51 所示。

① MAC（Media Access Control，媒介访问控制）：是数据链路层的一个子层，它定义了网络中不同设备之间的访问规则和控制机制。

② RS（Reconciliation Sublayer，协调子层）：是数据链路层中的一个子层，主要负责物理层和数据链路层之间的协议转换和信号匹配。

③ PHY（Physical Layer，物理层）：由 IEEE 802.3 标准定义的现有以太网物理通道，速率包括 10Mbps、100Mbps、1Gbps、10Gbps、25Gbps、40Gbps、50Gbps、100Gbps、200Gbps、400Gbps，可实现相邻节点之间的比特流透明传输。其中支持 FlexE 功能的速率包括：50Gbps、100Gbps、200Gbps、400Gbps。

PHY 层由 PCS、PMA 和 PMD 三个子层组成。

① PCS（Physical Coding Sublayer，物理编码子层）：位于物理层的顶部，它负责数据编码和解码。在发送数据之前，PCS 将来自数据链路层的数据进行编码，以便在物理介质上传输。而在接收数据时，PCS 对接收数据进行解码，将数据恢复成原始格式。

② PMA（Physical Medium Attachment，物理媒介附加子层）：负责适配 PCS 和 PMD 子层，提供映射、复用/解复用、时钟恢复等功能。

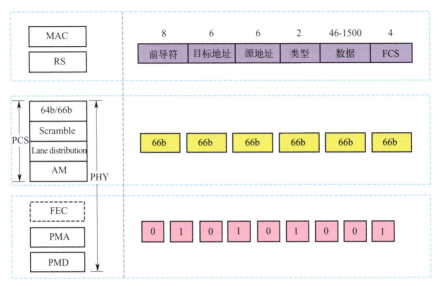

图 2-51　IEEE 802.3 以太网协议层级

③ PMD（Physical Medium Dependent，物理介质相关子层）：与具体的物理介质直接相关，负责物理介质的传输特性和信号处理，不同类型的以太网物理介质（如 1000BASE-T、1000BASE-SX 等）由不同的 PMD 子层实现。

了解了 IEEE 802.3 以太网协议层级后，接下来将详细学习 FlexE 的工作原理。

（1）FlexE Shim 层

在标准以太网接口中，MAC 速率与以太网物理层速率（PHY 速率）是强耦合关系，二者的带宽是严格匹配的。PHY 的 PCS 层的承载特征是一个由 66bit 码块组成的等效于 100Gbps 速率的不间断无序码块流。不同的业务映射到 PHY 的 PCS 层时还是以业务报文为单位的连续码块流进行承载，连续的码块流中不混合承载多个业务报文。

如图 2-52 所示，FlexE 技术在传统以太网业务处理流程的 RS 子层和 PCS 子层之间增加了 FlexE Shim 层，实现了 FlexE Client（FlexE 网络的服务客户）和 FlexE Group（FlexE 协议组）之间的映射/解映射功能。FlexE Shim 层由 64/66 比特编码（64b/66b）、时隙排列（TDM Framing）、成员分发（Distribution）和开销（Frame Header）四个插入部分组成，其中 FlexE Shim 层的 64/66 比特编码和 PCS 层的 64/66 比特编码具有相同功能，因此在 FlexE Shim 层中实现了 64/66 比特编码功能后，PCS 层中的 64/66 比特编码可以省去。

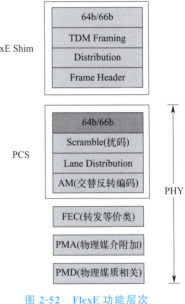

图 2-52　FlexE 功能层次

（2）FlexE Client/FlexE Group

在以太网中引入 FlexE Shim 层之后，定义了 FlexE Client 和 FlexE Group，分别用于

区分业务侧和网络侧。其中 FlexE Client 代表 FlexE 网络的服务客户，是基于 MAC 速率的以太网数据流，速率是 10Gbps、25Gbps、40Gbps、$n×50$Gbps 等，可扩展支持 $N×5$Gbps。而 FlexE Group 是一个 FlexE 协议组，包含 1 到 n 个绑定的以太网 PHY 端口，可支持速率包括 100Gbps、200Gbps、50Gbps 等，一个 FlexE Group 中通常包含多个成员。

在引入上述概念之后，FlexE Shim 层实质上就是实现 FlexE Client 和 FlexE Group 之间的映射/解映射功能，与 FlexE Group 是一一对应的。FlexE Client 通过 FlexE Shim 承载，FlexE Shim 通过 FlexE Group 进行传送，如图 2-53 所示。

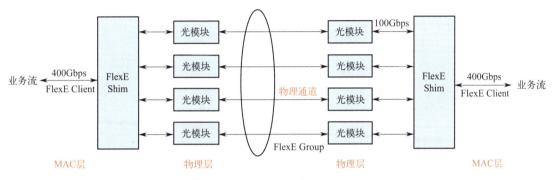

图 2-53　FlexE Client/FlexE Group

（3）Calendar 结构

FlexE Shim 层使用的是时分复用，通过多个绑定在一起的物理通道 PHY 来承载各种 IEEE 定义的以太网业务，支持承载大于或小于单个 PHY 速率的以太网报文。在 PHY 为 100Gbps 时，FlexE Shim 中有 $n×20$ 个时隙（n 是成员数量，每个成员有 20 个时隙），每个时隙代表 5Gbps 的速率，以 66bit 码块作为基本传送单位。

在发送端，FlexE Shim 层将以太网报文进行 64/66 比特编码，进行速度适配，然后将业务通过时隙分配到不同的成员链路进行发送。在接收端，恢复出 66bit 码块，通过速度调整，进而恢复出原始客户业务。

FlexE 使用 Calendar 机制完成 FlexE 客户和 PHY 端口之间的时隙分配，FlexE Shim 层的 Calendar 包括两个部分：master calendar 和 sub calendar。master calendar 标识该 FlexE Group 所包含的所有 sub calendar 的时隙之和，如图 2-54 所示，当 FlexE Group 有 n 个 PHY 成员时，master calendar 有 $n×20$ 个时隙。master calendar 是对应 FlexE Client 的时隙资源池，FlexE Client 可指定该 Calendar 中任何时隙组合带宽来承载。

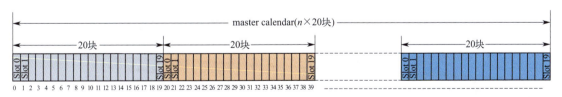

图 2-54　master calendar 结构

FlexE sub calendar 结构如图 2-55 所示，FlexE 协议定义每个物理成员 PHY（标准为 100GE）上传递一个 sub calendar，sub calendar 按照 0、1、2、…、18、19、0、1、2、…、18、19 重复 20 个编号规则来划分 66bit 码块顺序，同一编号的码块在逻辑上组成一个独立的时隙，在 FlexE Shim 中作为一个独立物理带宽资源单元分配使用，如 Slot 0、Slot 1 等。

当 sub calendar 被分配在 PHY 传输时,每间隔 1023×20 个 66bit 码块插入一个 FlexE 开销块,即 Overhead。FlexE 开销块是一个 66bit 码块,FlexE 开销块用于定位时隙位置,以及对齐不同 PHY 成员之间的时隙。

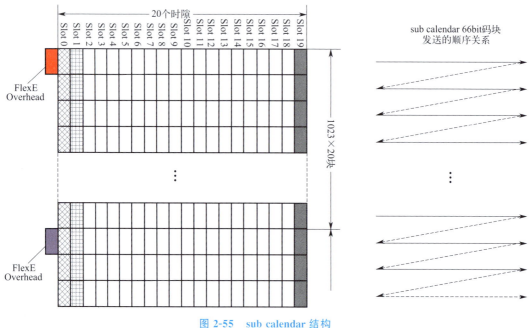

图 2-55　sub calendar 结构

master calendar 与 sub calendar 的时隙分发关系如图 2-56 所示,当 FlexE Shim 上有 n 个 sub calendar 成员时,master calendar 就有 $n\times 20$ 个时隙(n 为 sub calendar 成员数)。master calendar 将所有 FlexE Client 业务分成 n 组,每组 20 个时隙,由 1 个 sub calendar 承载,sub calendar 被轮流分配到不同 PHY。每个 PHY 成员的开销字节中携带有本成员的编号 PHY number,PHY number 在一个 Group 中是唯一的,成员之间按照 PHY number 编号从小到大的次序进行排序,PHY number 编号不要求连续。

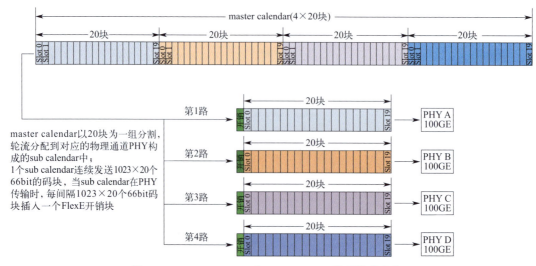

图 2-56　master calendar 与 sub calendar 的时隙分发关系

（4）开销帧结构

根据 calendar 结构定义，当 sub calendar 被分配在 PHY 传输时，每间隔 1023×20 个 66bit 码块会插入一个 FlexE 开销块，组成一个子帧，连续 8 个子帧组成一个 FlexE 帧。FlexE 帧的作用是将普通以太网物理层固定速率的无序码流结构，变成可识别的有序的码流结构。FlexE 帧结构与 FlexE 复帧关系如图 2-57 所示。

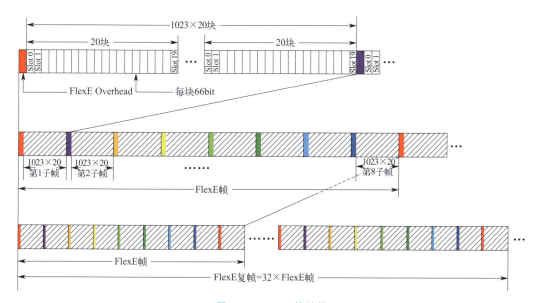

图 2-57 FlexE 帧结构

连续 32 个 FlexE 帧组成一个 FlexE 复帧，复帧的作用是扩展开销带宽，用多个开销传递完整的 FlexE 开销中携带的 FlexE group number、PHY number、时隙属性等信息。

如图 2-58 所示，FlexE 复帧将 PHY MAP 字段长度扩展了 32 倍，由 8bit 变成了 32×8bit，这就意味着 FlexE Group 最多可绑定 256 个 PHY 端口。

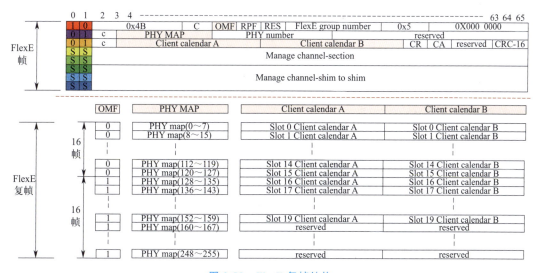

图 2-58 FlexE 复帧结构

FlexE 帧结构中携带成员组编号、成员编号、时隙属性等各类信息，具体字段含义见表 2-3。

表 2-3　FlexE 帧字段含义

字段	含义
C	3bit，位置在第一个 66b 开销块的第 10 比特，以及第二、第三个 66b 开销块的第 2 比特。C 字段分开存放主要是防止突发错误的干扰，作用是用多数判决的思想来判定 Calendar 类型。 0：A calendar configuration，表示 Client calendar A 的配置信息处于工作状态（online），Client calendar B 的配置信息是备用状态（offline）。 1：B calendar configuration，表示 Client calendar B 的配置信息处于工作状态，Client calendar A 的配置信息是备用状态
OMF	1bit，位置在第一个 66b 开销块的第 11 比特，复帧指示位，用来指示 FlexE 帧。一个复帧中前 16 个 FlexE 帧中的 OMF 为 0，后 16 个 FlexE 帧中的 OMF 为 1
FlexE group number	20bit，位置在第一个 66b 开销块的第 14 比特到第 33 比特，通过对 PHY 编号来区分存在多个 FlexE Group 的情况，使得收发两端的 FlexE group number 保持一致
PHY MAP	在一个 FlexE 帧中 PHY MAP 有 8bit，用来表示每个比特对应的 PHY 使用情况，位置在第二个 66b 开销块的第 3 比特到第 10 比特。在一个复帧中 PHY MAP 共 256bit，一共分 32 次传送完毕，256bit 的每个比特表示对应 PHY 的使用情况为：0 表示未使用，1 表示使用。 FlexE Group 最多可以绑定 256 个 PHY，0 和 255 作为特殊用途，可用的为 1~254
PHY number	8bit，位置在第二个 66b 开销块的第 11 比特到第 18 比特，用来表示本物理成员 PHY 的编号，编号在一个 Group 中必须是唯一的
Client calendar A/ Client calendar B	每个开销块携带 16bit 的 A 和 16bit 的 B，通过复帧结构分 32 次传送完毕，用来表示每个 PHY 中的 slot 所装载的客户业务类型。在接收端需要将属于同一个客户业务的 slot 收集起来恢复客户业务，用 Client calendar 来表示该 Slot 所装的业务类型，每个 PHY 有 20 个 Slot，需要 20 个 FlexE 帧进行传送，分 20 次传送完毕。1 个复帧中前 20 个 FlexE 帧传递 Client calendar，剩下的 12 个 FlexE 帧作为保留。 0x0000：表示该 Slot 是 unused（未被使用）。 0xFFFF：表示该 Slot 是 unavailable（不能再被使用）
CR（时隙分配请求）/ CA（时隙分配应答）	Calendar request 和 Calendar acknowledge，用于增加或者删除 Slot 中客户业务的请求和允许调整应答
Manage channel	5 个 66b 开销块，分为段层的管理通道（即 Manage channel-section）和 shim 到 shim 的管理通道（即 Manage channel-shim to shim）： Manage channel-section：占用 2 个 66b 开销块，位于第四和第五个开销块中，带宽为 1.26Mbps。 Manage channel-shim to shim：占用 3 个 66b 开销块，位于第六到第八个开销块中，带宽为 1.89Mbps
RPF	1bit，位于第一个 66b 开销块的第 12 比特的位置，远端 PHY 故障指示，作用是将在本地检测到的 PHY 失效信息通知给远端 shim
CRC-16	FlexE 帧前三行的内容进行 CRC-16 的运算结果，用于检测前三行内容是否有误码

（5）FlexE 业务映射

标准以太网接口的 MAC 速率与 PHY 速率是强耦合关系，两者的带宽是严格匹配的。引入了 FlexE 后，可实现以太网 MAC 与 PHY 速率的解耦，国内运营商针对标准的 FlexE 技术做了改动，在 Client 里面又引入了以太网的 VEI（Virtual Ethernet Interface，虚拟以太网接口），实现三层 IP 功能，如图 2-59 所示。

引入了 VEI 接口之后，业务映射到 FlexE 隧道上涉及 3 层：VEI 层、FlexE Client 层和 FlexE Group 层。其业务映射过程如图 2-60 所示。

发送端：

① 从 L2 层 VEI 接口发出的报文映射进 FlexE Client 中，FlexE Client 业务流进行 64/

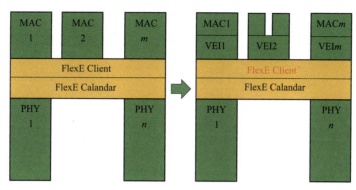

图 2-59 VEI 接口的引入

66 编码后,通过 IDLE 块的插入和删除进行速率适配,同时,将隧道生成的 OAM 码块替换到 FlexE Client 业务流的 IDLE 块位置,跟随 FlexE Client 业务在 FlexE Channel 中传输。

② 将 FlexE Client 业务插入 FlexE Shim 层的 master calendar 后,master calendar 进一步将业务数据块分配到 sub calendar 的相应时隙中,添加 FlexE 开销块,扰码后经 PMA、PMD 发送出去。

接收端:

① FlexE Client 从 PHY 上恢复信号,经过解扰码恢复出 66bit 码块,寻找 FlexE 开销块,确定 sub calendar,通过 sub calendar 拼装出 master calendar,从中找出每条 FlexE Client 业务流。

② 找出每条 FlexE Client 业务流后,通过 IDLE 块的插入和删除进行速度调整,进行 64/66 反编码,恢复出原始 FlexE Client 业务,将 FlexE Client 码流中 OAM 码块替换回 IDLE 块,通过解映射恢复出原始报文,从 L2 层的 VEI 接口发送出去。

(6) FlexE 业务转发

传统分组设备传输客户业务时采用逐跳转发策略,客户业务在网络中的每台设备上都需要接收并存储完整的业务报文,根据报文头的路由信息查表转发到下一个节点,这种存储转发方式存在时延大、抖动不可控问题。当时延敏感业务经过多跳存储转发后,到达目的节点的时延会变得不可预知,无法满足时延敏感业务的传送要求。

而 FlexE 技术是一种使用物理接口的技术,设备之间的物理连接方法是点到点连接,能够实现客户业务的端到端传输。通过时隙交叉技术实现基于物理层的用户业务流转发,业务转发过程近乎实时完成,实现超低时延传输,很好地满足时延敏感业务对承载网的要求。

如图 2-61 所示,客户业务通过查路由表信息,确定端到端的 FlexE Channel 传输路径,形成跨网元的刚性管道,FlexE Channel 是端到端的刚性电路信道。

在客户业务接入节点(PE 节点),根据客户业务的 IP 地址、MAC 地址、端口号等信息实现三层路由和二层交换,确定端到端的 FlexE Channel 传输路径和物理端口,业务报文从 VEI 端口发出,通过 FlexE Group 传送到下一节点。

在 FlexE Channel 的中间转发点(P 节点),从上一节点过来的 FlexE Group 终结,从 FlexE Client 端口提取出 FlexE Client 业务流后,不上送 MAC 层恢复业务报文信息,而是将 FlexE Client 业务流复用到 FlexE Shim 层的不同时隙中,随后在 PCS 层直接交叉到发送端物理端口,通过新的 FlexE Group 传送到下一节点,实现超低时延转发。

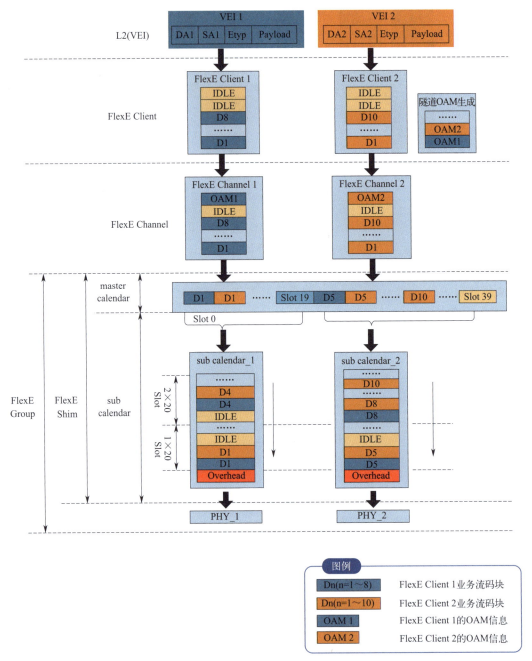

图 2-60 FlexE 业务映射过程

在目的节点（PE 节点），从 FlexE Channel 中提取客户业务，根据报文路由或交换信息选择输出端口。

此过程中不需要恢复出完整的以太网报文，能够实现超低时延和严格的物理隔离特性。

（7）FlexE 应用模式

根据 FlexE 的技术特点，FlexE Client 可向上层应用提供各种灵活的带宽而不拘泥于物理端口带宽。根据 client 与 Group 的映射关系，FlexE 可提供以下三种应用模式。

① 链路捆绑模式。如图 2-62 所示，链路捆绑模式是将多个物理通道捆绑起来，形成一

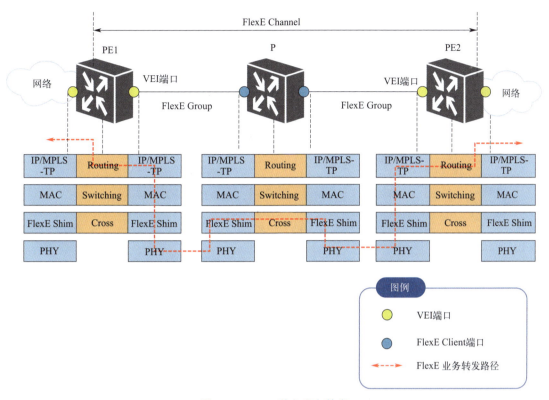

图 2-61 FlexE 单向业务转发

个大的逻辑通道,从而实现高速率业务通过低速率物理通道传输。FlexE 技术的链路捆绑模式,是通过将 66bit 码块分配到不同物理通道,按照时隙模式进行分配来实现的。业务分配严格均匀,传输效率高,延迟时间短。

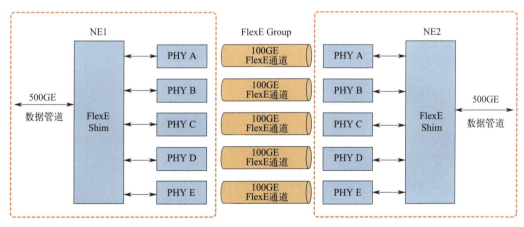

图 2-62 链路捆绑模式

② 通道化模式。通道化模式是指多个客户共享多条物理通道,客户业务在多条物理通道上的多个时隙进行传输。如图 2-63 所示,客户业务在 FlexE 通道上传输时,根据实际情况和需求可以选择不同通道上的不同时隙进行组合,合理利用物理通道带宽。

③ 子速率模式。子速率模式是指单条客户业务速率小于一条物理通道速率时,将多条客

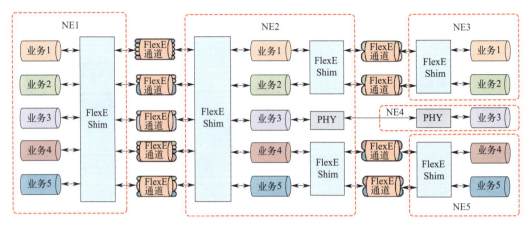

图 2-63　通道化模式

户业务汇聚起来共享一条物理通道进行传输，从而提高物理通道的带宽利用率。如图 2-64 所示，多条客户业务流承载在一条物理通道的不同时隙上进行传输，实现了业务隔离，等效于物理隔离。子速率模式提高了物理通道的传输效率，实现了网络切片功能。子速率模式本质上是通道化模式的一个子集。

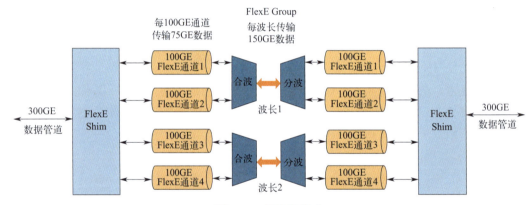

图 2-64　子速率模式

（8）FlexE 应用场景

移动互联网时代大视频业务蓬勃发展，4K、8K、VR/AR 等超高清视频对网络质量提出了更高的要求，电信运营商天然的网络优势将更加凸显，能够提供比互联网 OTT（Over The Top）质量更高、体验更好的视频服务。然而，传统的网络架构主要满足以 HSI（High Speed Internet，高速互联网）业务为主的大带宽、低并发和低时延要求的业务，面对大视频业务高带宽、高并发、低丢包率和低时延的特点，传统网络架构显然已无法满足用户的要求。

如图 2-65 所示，SPN 可通过 FlexE Channel 划分不同的物理通道 PHY，各 PHY 承载相应的业务，互不影响。为了避免网络拥塞造成 IPTV（Internet Protocol Television，国际协议电视）业务性能下降，可以通过单独的 PHY 承载 IPTV 业务，与普通上网业务严格隔离，提供有别于 OTT 业务的差异化高品质服务。

SPN 设备内 SE-XC 和设备间 FlexE Client 通路实现，提供端到端的 SPN Channel 带宽

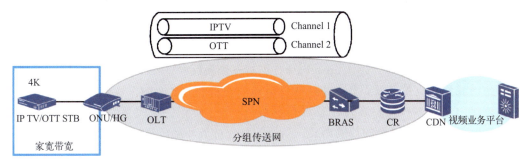

图 2-65 大视频应用场景

硬隔离能力。SPN 设备基于 FlexE Client 的交叉省去了分组转发的成帧、组包、查表、缓存等处理过程，可实现低时延、低抖动转发，更好地满足大视频业务的低时延要求。

2.2.2.2 SR 技术

当前传输网络需要处理多种类型的业务，而不同类型业务对网络的性能要求不同。例如，视频下载等数据应用需要大带宽的网络，网络游戏、视频会议等实时应用需要低时延、低抖动的网络。如果保持采用网络适配业务的运行模式，当业务种类和业务数量不断增加的时候，网络的配置和维护变得越来越复杂，越来越困难，甚至无法满足业务快速发展的需求。基于 MPLS 标签交换技术创建的隧道存在以下问题。

① 控制面需要为独立的信令协议（如 LDP、RSVP）分发标签，实现复杂。

② 每一个连接都需要一个标签来标记，中间节点需要维护每条连接的状态，这需要维护大量的标签。

③ 业务部署时，需要为端到端路径上的所有节点（包括 PE 和 P 节点）下发配置。

为解决上述问题，需考虑采用业务驱动网络的模式，由业务的实际需求定义网络的架构。即业务应用将时延、抖动、带宽等要求发给 UME（Unified Management Expert，统一管理专家）网管，UME 收集网络拓扑、链路带宽利用率等信息，根据业务需求，为不同的业务计算并分配合适的路径，使得不同业务均能高效地传送，而业务驱动网络模式的实现依赖于 SR 协议。

SR 的全称为 Segment Routing，即分段路由。SR 是一种基于源路由思路设计的网络转发数据包的协议，提供了一种具有源路由特性的转发技术。源路由是指在网络入节点就可以指定数据包要途经的部分或者全部的节点和链路信息，即 SR 仅在网络入节点上维护每个业务流的路由信息，就能强制指定一个业务流通过的节点和链路。

通过 SR 可以为每条业务定义一条显式路径，也解决了 MPLS 存在的一些问题。基于 SR 协议实现的路由具有以下优点。

① 在控制面去掉了 LDP、RSVP 等信令协议，SR 使用 UME 网管控制器或者 IGP 集中计算路径和分发路由标签，直接应用在原 MPLS 架构上，实现方式简洁化。

② 在转发面，标签代表的是网络拓扑（节点或链路）的信息，端到端的连接由一组有序的标签栈来表示。网络中的每个节点只需维护拓扑信息，不需维护连接状态，解决了 MPLS 的网络可扩展性问题。

③ 基于源路由的技术仅操作头节点即可完成端到端的路径建立，大大提高了业务部署

效率。此外，在 SDN 网络架构中，SR 将为网络提供与上层应用快速交互的能力。

（1）SR 基本概念

为了帮助大家更好地理解 SR 工作原理，下面介绍一些常见的 SR 术语。

① LSP：全称为 Label Switching Path，即标签交换路径。在 MPLS 网络中，LSP 表示使用 MPLS 协议建立的转发路径，由标识源节点与目的节点之间的一系列节点和链路组成。

② 标签栈：标签栈是一系列标签的排序集合，用于标识一条完整的 LSP，标签栈封装在数据包顶部，指定数据包的传输路径。当标签栈到达最外层标签标识的节点或链路时，弹出该层标签，继续转发至下一层标签，直到将数据包送至目的节点。

③ 显式路径：显式路径可以指定到达目的地必须经过的路径和禁止经过的路径，分为严格和松散两种。严格指的是下一跳与前一跳直接相连，通过严格显式路径，可精确地控制 LSP 所经过的路径。松散指的是指定路径上必须经过哪些节点，但是该节点和前一跳之间可以存在其他路由器。

④ ECMP：全称为 Equal-Cost Multi-Path Routing，即等价多路由。ECMP 可以实现通过多条链路到达同一目的地址，不仅增加了链路带宽，也实现了多条链路间的实时备份（即当数据传输链路失效时，其他链路可无时延、无丢包地传输失效链路的数据）。

⑤ SR 域：全称为 Segment Routing Domain，指参与 SR 模型的一组节点集合。

⑥ Segment：Segment 指节点针对所接收到数据包要执行的指令，此指令包含在数据包报头中。

⑦ SID：全称为 Segment Identifier，即段标识。用于标识唯一的 Segment，SID 的格式取决于实现过程。在 SR MPLS 实现中，SID 在数据平面中被编码为 MPLS 标签。

⑧ Segment List：Segment 列表，是用于指定数据包路径的 Segment 有序列表，被编码为数据包报头中的 MPLS 标签栈，要处理的 Segment（也称为活动 Segment）位于数据包标签栈顶部。

⑨ SRGB：全称为 Segment Routing Global Block，指给定节点为全局 Segment 预留的本地标签集合，SR 域内全局可见，全局有效。

（2）Segment 类型

分段路由 SR 是基于源路由技术而设计的在网络上转发数据包的一种协议。SR 将网络路径划分为多个段（Segment），并为这些段和转发节点分配段标识 ID（Segment ID，SID），通过对段和节点进行有序排列，从而得到一条转发路径（Segment List）。

SR 将代表转发路径的 Segment List 编码在数据包头部，随数据包传输。接收端收到数据包后，对 Segment List 进行解析。如果 Segment List 的最外层段标识是本节点时，则弹出该标识，进行下一步处理；如果不是本节点，则 IGP 协议通过 SPF 算法查找到最短路径将数据包转发到下一节点。

SR 的实现基于 Segment 转发，Segment 分为 Prefix Segment（前缀段）、Adjacency Segment（邻接段）和 Node Segment（节点段）三种，如图 2-66 所示。

① Prefix Segment（前缀段）：标识网络中某个目的地址的路由前缀，此前缀值由 IGP 协议通告到其他网元，采用 Prefix Segment ID（Prefix SID）表示，Prefix SID 在网络全局可见，全局有效。转发行为是将报文沿最短路径向相应的节点转发。在图 2-66 中，Prefix A 标识 PE1—PE5 之间网络地址的前缀，Prefix C 标识 PE3—PE4 之间网络地址的前缀。

② Adjacency Segment（邻接段）：标识网络中一个邻接段，即一段链路，通过 IGP 协

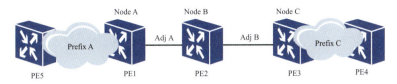

图 2-66　不同类型 Segment 的含义

议通告到其他网元，采用 Adj SID 表示。Adjacency Segment ID（Adj SID）在网络中全局可见，仅在本 SR 节点本地有效。转发行为是将报文向该邻接段对应的接口转发。在图 2-66 中，Node A、Node B、Node C 分别标识节点 PE1、PE2、PE3。

③ Node Segment（节点段）：是一种特殊的 Prefix Segment，用于标识网络中的特定节点（Node）。在节点的 Loopback 接口下配置 IP 地址作为前缀，此节点的 Prefix SID 就是 Node Segment ID（Node SID）。转发行为是将报文沿最短路径向相应的节点转发。在图 2-66 中，Adj A 标识链路 PE1—PE2，Adj B 标识链路 PE2—PE3。

实际应用中，SR 实现可基于单独的 Prefix Segment 或 Adjacency Segment，也可基于 Prefix Segment 和 Adjacency Segment 的组合。其中基于 Node Segment 进行转发所形成的路径称为 SR-BE 隧道，基于 Adjacency Segment 进行转发所形成的路径称为 SR-TP 隧道。下面我们详细介绍一下这两种隧道。

（3）SR-BE 隧道

SR-BE（Segment Routing-Best Effort）是指基于尽力转发的 SR。SR-BE 隧道通常使用 Node SID 组成的 Segment List 指定 LSP，Segment List 仅需指定目的地址的一层 Node SID。此 LSP 仅指定了数据包的目的节点，并未详细定义一条固定的转发路径，是一种松散路径，在入节点无法控制整条报文的转发过程。此时，中间未定义的转发路径仍是由 IGP 通过 SPF 最短路径算法计算得出的。当 SPF 计算得出多条等价的转发路径时，采用 ECMP 进行负载分担传输数据包。若 SPF 计算出不同开销的路径，则选择最小开销的路径传输数据。

在图 2-67 所示的组网中，需要将一个数据包从节点 A 传送至节点 D，要求在 A—D 之间建立一条 SR-BE 隧道，具体建立过程如下。

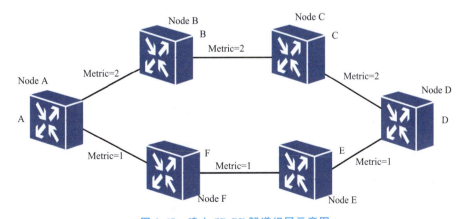

图 2-67　建立 SR-BE 隧道组网示意图

① 手工为网络中每个节点分配节点标签（即 Node SID），且保证 Node SID 在 SR 域内全局唯一。

② 在 SR 域内每个节点开启 IGP 协议。通过 IGP 协议将节点标签扩散到 SR 域内的其他节点，如图 2-68 所示，节点通过 IGP 协议将节点 D 的 Node SID（即 Node D）扩散至节点 A、B、C、E、F。

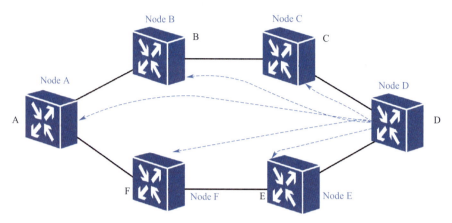

图 2-68 Node SID 通过 IGP 协议扩散

③ 每个节点运行 IGP 协议，通过 SPF 算法计算到目的节点的最短转发路径（若无 ECMP 等价路径，则生成主用路径和备用路径），并找到目的节点的最优下一跳出口。如图 2-69 所示，通过 IGP 协议计算到节点 D 的最短转发路径为 A—F—E—D，且计算得出节点 A、F、E 的最优下一跳出口。

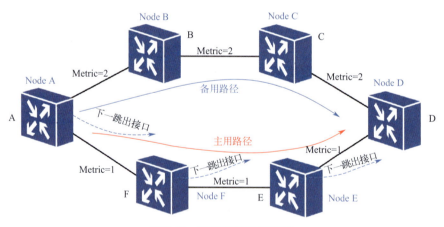

图 2-69 最短转发路径计算

④ 当入节点 A 收到目的地址为节点 D 的业务报文时，为业务报文添加一层 Node SID，即 Segment List =［Node D］。报文沿着最短转发路径（主用路径故障时，则切换至备用路径）转发。如图 2-70 所示，报文沿着 A—F—E 送至节点 D，中间节点 F 和节点 E 不增加、删除和修改 Node SID。

（4）SR-TP 隧道

SR-TP（Segment Routing-Transport Profile，基于传送网络扩展的分段路由）是指基于传送运用的 SR。SR-TP 隧道是指将两条单向同路由的 SR-TE（Segment Routing-Traffic Engineering，基于流量转发的分段路由）隧道绑定成的双向隧道。

SR-TE 隧道使用 Adj SID（邻接标签）能标识严格的业务转发路径，但不能标识端到端

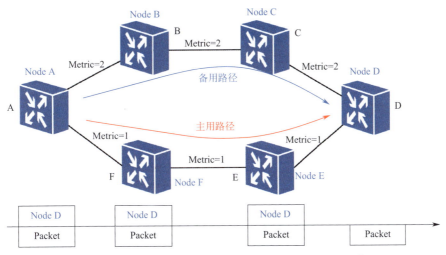

图 2-70 SR-BE 隧道建立

业务,因为倒数第二跳已不携带 Adj SID,导致基于 SR-TE 隧道的端到端运维能力(丢包率、时延、抖动等)受限。

为了使用双向 MPLS-TP OAM 检测 SR-TE 转发路径的连通状态,对 SR-TE 隧道进行改进,在原 SR-TE 的 Packet 与 Segment List 之间增加一层端到端标识业务流的标签 Path SID(可由 UME 网管分配或手工配置),形成 SR-TP 隧道,如图 2-71 所示,完成对双向业务流的监控与保护。

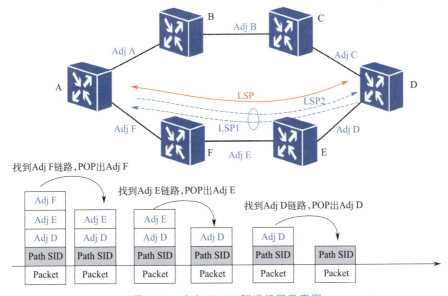

图 2-71 建立 SR-TP 隧道组网示意图

Path SID 的作用是将相同路径的两条不同方向的 SR-TE 隧道绑定为一条双向的隧道。图 2-71 中的 LSP1 和 LSP2 是两条单向的 SR-TE 隧道,无法标识 A—D 的端到端双向业务。在 Segment List 的栈底增加一层 Path SID,Path SID 指明此路径为 A—D 的双向路径,既可标识 A→D 的 LSP2,也可标识 D→A 的 LSP1,将 LSP1 和 LSP2 绑定为一条双向 LSP 隧道,即标签栈=[Adj F,Adj E,Adj D,Path SID]定义了 A—D 的双向 LSP,建立了 A—D 的 SR-TP 隧道。

Path SID 是 UME 为这条 Segment List 分配的本地标签,下发至源节点和目的节点。基于此标签可运行端到端业务的 OAM 和 APS 等,增强了隧道的端到端运维能力。

(5) SR 应用场景

SR 应用于 SPN(Slicing Packet Network,切片分组网络),如图 2-72 所示。在此场景中,业务采用混合部署方案。南北向业务采用 SR-TP 隧道承载,东西向业务采用 SR-BE 隧道承载。其中,南北向业务指的是基站和核心网之间的业务,东西向业务指的是基站之间的业务。

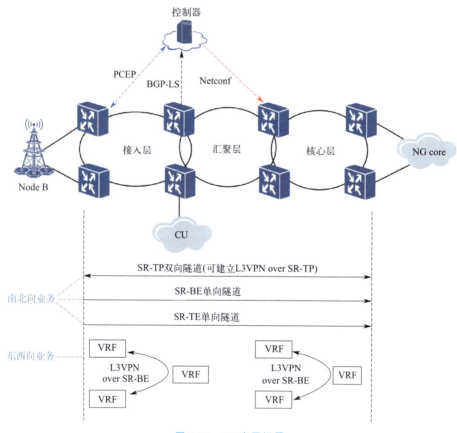

图 2-72　SR 应用场景

2.2.3　任务实施

根据图 2-73,详细说明该图中运用的 5G 承载关键技术,以及各自在现网中的作用。

【解答】

① SPN 在网络中引入 FlexE 技术,提供网络切片功能,如专门的集客、家宽切片和无线回传切片等。FlexE 可依据客户业务的要求,为不同业务提供独立的管道进行传送,实现业务定制化的需求,满足超低时延及业务隔离需求。

② 为了应对 5G 核心网、基站云化带来的泛在灵活连接需求,Flexhaul 采用 SR 源路由

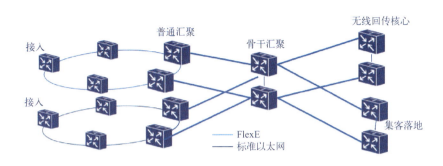

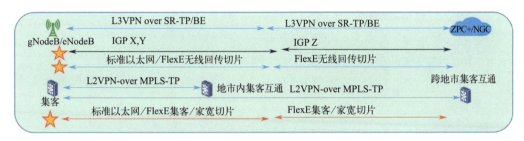

图 2-73　5G 网络业务承载模型

技术配合 SDN 的智能流量工程，以集中控制器和分布式控制面两者互相结合的方式部署。控制器进行端到端 SR 路径的计算，并生成完整的标签栈下发设备，完成 SR 隧道建立。中间节点只需维护拓扑信息而无需维护连接的状态，这不仅解决了 MPLS 网络可扩展性的问题，还可支持数十万节点网络。此外基于源路由的技术仅操作源节点即可完成端到端路径建立，易于 SDN 控制，大大提高了业务部署效率。

③ 综合使用 L2VPN 和 L3VPN 为移动回传、集客等业务提供可靠的数据传输和灵活组网保障，其中 L2VPN 基于 MPLS-TP 隧道，L3VPN 基于 SR-TP/BE 隧道。

 项目测评

一、选择题

1. OSPF 路由器在（　　）状态下表示拥有了邻居路由器 LSDB 中所有的 LSA 信息，即本地路由器和邻居路由器达到了邻接状态。
（A）Attempt　　　（B）ExStart　　　（C）Exchange　　　（D）Full

2. 关于 IS-IS 协议中 Level-1-2 路由器的描述，错误的是（　　）。
（A）Level-1-2 路由器可以与同一区域的 Level-1 路由器形成 Level-1 邻居关系
（B）Level-1-2 路由器可以与同一区域的 Level-1-2 路由器形成 Level-2 邻居关系
（C）Level-1-2 路由器可以与其他区域的 Level-2 路由器形成 Level-2 的邻居关系
（D）Level-1-2 路由器可以与其他区域的 Level-1-2 路由器形成 Level-2 的邻居关系

3. （　　）是一种点对点的 L2VPN 业务，通过隧道实现高速的二层透传。
（A）E-LINE　　　（B）E-LAN　　　（C）E-TREE　　　（D）EPLAN

4. 对于 VPN-IPV4 地址，下面说法中正确的有（　　）。

(A) BGP/MPLS VPN 的用户需要使用 VPN-IPv4 的地址互相通信

(B) VPN 用户并不意识到对 VPN-IPv4 地址的使用

(C) VPN-IPv4 地址在 BGP 路由协议中承载

(D) VPN-IPv4 地址在 VPN 数据业务的报头内承载

5. 在 L3VPN 中，可以根据 RT 的 Import target 和 Export target 值来实现 Hub-spoke 方式，如果某节点 RT 的 Import target 为 100：1，Export target 为 200：1，对端为哪个值时可以和这个节点通信？（　　）

(A) Import target 为 100：1，Export target 为 200：1

(B) Import target 为 100：1，Export target 为 100：1

(C) Import target 为 200：1，Export target 为 200：1

(D) Import target 为 200：1，Export target 为 100：1

6. 在 HoVPN 中，（　　）节点主要完成 VPN 路由的管理和发布，不用来做业务的接入。

(A) UPE　　　　(B) SPE　　　　(C) NPE　　　　(D) TPE

7. 100GE FlexE 端口，可以划分出（　　）个时隙。

(A) 5　　　　(B) 10　　　　(C) 20　　　　(D) 25

8. 关于 FlexE 的帧结构，描述正确的是（　　）。

(A) 1023×20 个 66bit 码块称为一个子帧，每个子帧会增加 1 个开销块

(B) 连续的 8 个子帧（包含开销头）构成一个 FlexE 帧

(C) 连续的 32 个 FlexE 帧构成一个 FlexE 复帧

(D) 一个 FlexE 复帧中的开销部分共占用 32×8＝256 个 66bit 码块

9. 关于 SID 的描述，错误的是（　　）。

(A) Prefix Segment 全局可见，全局有效

(B) Node Segment 全局可见，全局有效

(C) Adjacency Segment 全局可见，全局有效

(D) Adjacency Segment 全局可见，本地有效

10. 关于 SR 隧道描述，正确的有（　　）。

(A) SR-BE 隧道使用的是节点段标识

(B) SR-TP 和 SR-TE 隧道使用的是邻接段标识

(C) SR-TP 需配置路径段标识

(D) SR-TE 需配置路径段标识

二、简答题

1. 简述 MPLS 标签的字段组成和含义。

2. 简述 MPLS L2VPN 的 3 种业务类型和特点。

3. 简述 MPLS L3VPN 中 RD 和 RT 的作用。

4. 简述 FlexE 业务映射过程。

5. 简述 FlexE 的 3 种应用模式。

6. 简述 SR-TP 隧道的建立过程。

项目 3

5G 承载设备安装

 项目简介

5G 承载设备的规范安装是设备入网运行的前提，设备安装流程如图 3-1 所示，主要包括安装准备、开箱验货、安装设备、安装线缆和检查通电 5 个环节。

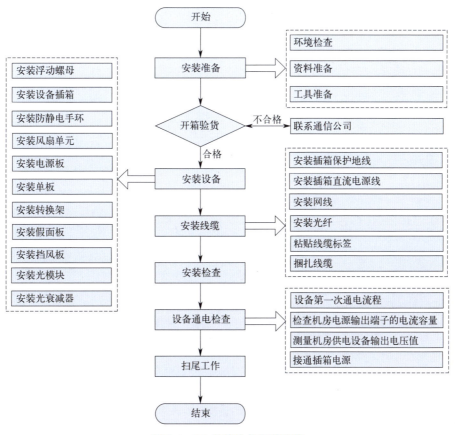

图 3-1　5G 承载设备安装流程

学习目标

知识目标

① 掌握 5G 承载设备的硬件结构和软件结构；
② 掌握 5G 承载设备的单板类型和功能；
③ 掌握 5G 承载设备的线缆连接关系。

能力目标

① 会安装 5G 承载设备；
② 会安装 5G 承载设备线缆；
③ 能检查设备通电情况。

素质目标

① 培养良好的团队协作能力；
② 培养严谨细致的工匠精神。

任务 3.1 5G 承载设备结构认知

3.1.1 任务分析

通过本任务的学习，需掌握 5G 承载设备的硬件架构及逻辑架构，掌握单板的功能，能够绘制出 5G 承载设备插箱槽位分布图。

3.1.2 知识准备

本任务选用中兴的 ZXCTN 6700-12 和 ZXCTN 6180H 为参考，ZXCTN 6700-12 适用于多场景运行，定位于 5G 承载网中回传的汇聚层和核心层，ZXCTN 6180H 定位于 5G 承载网前传及中回传的接入层。

3.1.2.1 硬件结构

（1）ZXCTN 6700-12 介绍

ZXCTN 6700-12 设备采用大容量的机架式结构，硬件系统由机箱、背板、风扇插箱、电源模块、主控板、交换单元板和各种业务单板组成。插箱通常安装在中兴通讯 ETSI 300mm 深后立柱机柜中，如图 3-2 所示。

机柜结构如图 3-3 所示。

ZXCTN 6700-12 采用的中兴通讯 ETSI 300mm 深后立柱机柜尺寸有两种，采用 2200×600×300（高×宽×深，mm）尺寸时，机柜中可以安装 2 个插箱，当机柜中只安装一个插箱时，插箱应安装在机柜的底部。采用 2000×600×300（高×宽×深，mm）尺寸时，机柜可以安装 1 个插箱，建议安装在机柜中间靠下位置，便于进行维护操作。安装时，注意机柜底部必须至少预留 3S（S=25mm）空间，以便于机柜安装和插箱散热。各组件在机柜内的典型安装位置如图 3-4 所示。

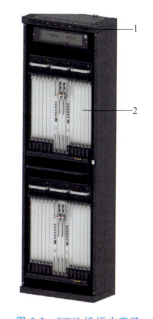

图 3-2 ETSI 机柜中安装 ZXCTN 6700-12 设备

1—机柜；2—ZXCTN 6700-12 插箱

ZXCTN 6700-12 单板插板方向：将单板防误插标示颜色与子架上单板防误插相对应，再插入子架中。当半高板槽位插全高板时，一块全高板占用 2 个半高板槽位。ZXCTN 6700-12 设备插箱单板共有 21 个槽位，其中包括 12 个全高业务线卡槽位、2 个主控交换板槽位、2 个交换板槽位、2 个电源板槽位和 3 个风扇槽位，其结构如图 3-5 所示。

ZXCTN 6700-12 插箱槽位分布如图 3-6 所示。

ZXCTN 6700-12 单板列表如表 3-1 所示。

图 3-3　机柜结构图

1—门轴；2—M8 接地螺栓；3—顶部出线孔挡片；4—顶部电源线出线孔盖板；5—机柜指示灯区；6—门锁；
7—前门；8—机柜门板接地柱；9—底部电源出线孔；10—底部出线孔；11—后立柱

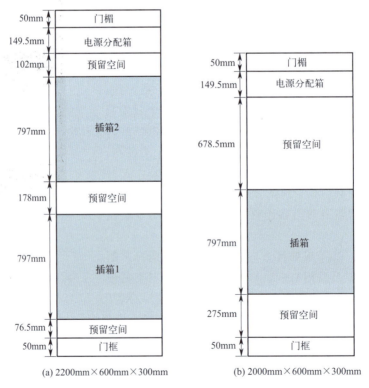

(a) 2200mm×600mm×300mm　　(b) 2000mm×600mm×300mm

图 3-4　机柜配置

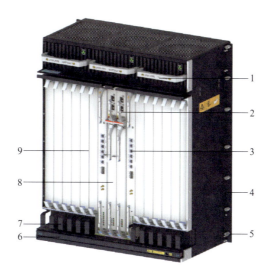

图 3-5　ZXCTN 6700-12 插箱结构

1—风扇：用于插箱散热；2—电源板：为整个插箱、单板提供电源；3—主控交换板：用于实现网元管理和时钟同步功能；4—安装支耳：用于在机柜内固定插箱；5—松不脱螺钉：用于在机柜内固定插箱；6—防尘子架：用于防止灰尘进入插箱；7—走纤区：用于辅助线缆走线；8—交换板：用于实现业务的交换调度；9—业务板插板区：用于安装业务板

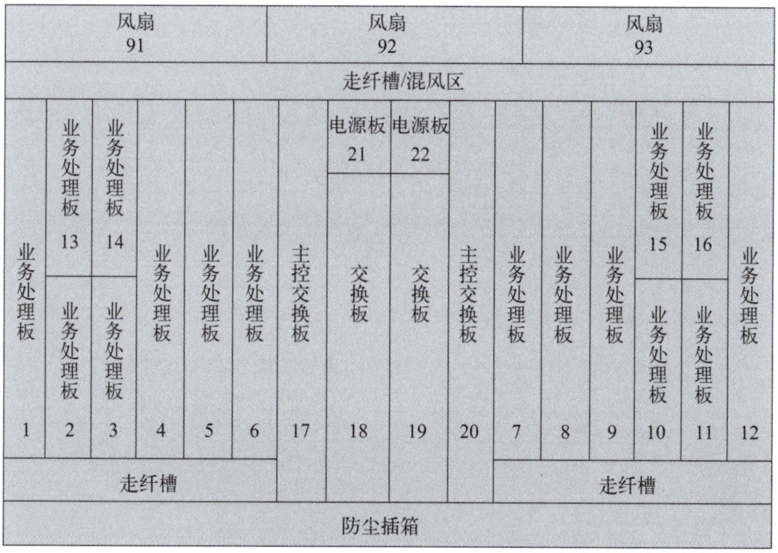

风扇 91					风扇 92			风扇 93			
走纤槽/混风区											
业务处理板 1	业务处理板 13 业务处理板 2	业务处理板 14 业务处理板 3	业务处理板 4	业务处理板 5	主控交换板 17	电源板 21 交换板 18	电源板 22 交换板 19	主控交换板 20	业务处理板 7	业务处理板 8	业务处理板 9	业务处理板 15 业务处理板 10	业务处理板 16 业务处理板 11	业务处理板 12
走纤槽								走纤槽			
防尘插箱											

图 3-6　ZXCTN 6700-12 插箱槽位分布

表 3-1　ZXCTN 6700-12 单板列表

单板类型	单板代号	单板名称
电源板	PWRCT1	C 型电源板
主控交换板	NCPSAT1	A 型主控交换板
	NCPSAT2	A 型主控交换板
	NCPSAT3	A 型主控交换板
交换板	PSCT1	C 型交换板
	PSCT3	C 型交换板

续表

单板类型	单板代号	单板名称
业务处理板	PDCAT1	A 型 200GE 板
	PDCA2T1	A 型 2 端口 200GE 板
	PCGE4T1	E 型 4 端口 100GE 板
	PCGE2T1	E 型 2 端口 100GE 板
	PCGA2T1	A 型 2 端口 100GE 板
	PCGB2T1	B 型 2 端口 100GE 板
	PCGCT1	C 型 1 端口 100GE 板
业务处理板	PCGF2T1	F 型 2 端口 100GE 板
	PCGF4T1	F 型 4 端口 100GE 板
	PHCA4T1	A 型 4 端口 50GE 板
	PHCA8T1	A 型 8 端口 50GE 板
	PXGA24T1	A 型 24 端口 10GE 板
	PXGA12T1	A 型 12 端口 10GE 板
	PXGC12T1	C 型 12 端口 10GE 板
	PGEC24T1	C 型 24 端口 GE 板
	PGEA16T1	A 型 16 端口 GE 板
	SC1A16T1	STM-1 通道化板
	SCHP4	小颗粒处理板
	OMA	在线监测板
	SOBA	紧凑型光功率放大板

ZXCTN 6700-12 单板和槽位的对应关系如表 3-2 所示。

表 3-2　ZXCTN 6700-12 单板和槽位对应关系

单板类型	单板代号	指标/(高×宽×深,mm)	对应槽位号
交换板	PSCT1	449.00×30.00×262.00	18、19
	PSCT3	449.00×30.00×262.00	18、19
主控交换板	NCPSAT1	592.00×30.00×262.00	17、20
	NCPSAT2	592.00×30.00×262.00	17、20
	NCPSAT3	592.00×30.00×262.00	17、20
电源板	PWRCT1	131.00×30.00×265.00	21、22
业务处理板	PDCAT1	521.75×31.50×265.84	1~12
	PDCA2T1	521.75×31.50×265.84	1~12
	PCGE4T1	521.75×31.50×265.84	1~12
	PCGE2T1	521.75×31.50×265.84	1~12
	PCGA2T1	521.75×31.50×265.84	1~12
	PCGB2T1	521.75×31.50×265.84	1~12
	PCGCT1	521.75×31.50×265.84	1~12
	PCGF2T1	521.75×31.50×265.84	1~12
	PCGF4T1	521.75×31.50×265.84	1~12
	PHCA4T1	521.75×31.50×265.84	1~12
	PHCA8T1	521.75×31.50×265.84	1~12
	PXGA24T1	521.75×31.50×265.84	1~12
	PXGA12T1	521.75×31.50×265.84	1~12
	PXGC12T1	521.75×31.50×265.84	1~12
	PGEA16T1	395.40×30.00×243.38	1~12
	PGEC24T1	521.75×31.50×265.84	1~12
	SC1A16T1	521.75×31.50×265.84	1~12
	SCHP4	521.75×31.50×265.84	1~12
	OMA	158.00×25.00×233.47	2、3、10、11、13~16
	SOBA	158.00×25.00×233.47	2、3、10、11、13~16

（2）ZXCTN 6180H 硬件介绍

ZXCTN 6180H 硬件结构如图 3-7 所示。

图 3-7　ZXCTN 6180H 硬件结构示意图

1—安装支耳；2—电源板区；3—业务板区；4—主控板区；5—风扇区；6—插箱保护地接线柱

① 安装支耳：用于将插箱固定在机柜内或壁挂支架上，根据安装场景，支耳可安装在插箱前方或后方（后支耳安装方式，使用松不脱螺钉紧固插箱，适用于 300mm 深机柜、壁挂式安装；前支耳安装方式，使用 M5 螺钉紧固插箱，适用于 600mm 深及以上机柜安装）。

② 电源板区：插入电源板，为设备供电。

③ 业务板区：插入业务单板，对外提供业务接口。

④ 主控板区：插入系统主控板，实现控制管理功能。

⑤ 风扇区：插入风扇单板，保证设备良好的散热。

⑥ 插箱保护地接线柱：接入保护地线，保证设备良好的电气性能。

ZXCTN 6180H 插箱槽位分布如图 3-8 所示。

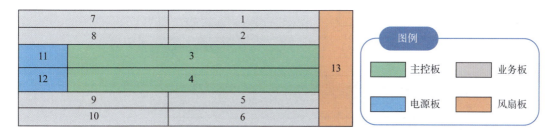

图 3-8　ZXCTN 6180H 插箱槽位分布图

ZXCTN 6180H 插箱共有 13 个槽位，其中包括 8 个业务线卡槽位、2 个主控交换板（主控板）槽位、2 个电源板槽位和 1 个风扇槽位。

ZXCTN 6180H 单板和槽位对应关系如表 3-3 所示。

表 3-3　ZXCTN 6180H 单板和槽位对应关系

单板代号	单板名称	可插槽位
SMNG	系统主控板 SMNG	3、4
OICG1A	1 端口 100GE 以太网光口板	1、2、5~10
OIHC1A	1 端口 50GE 以太网光口板	1、2、5~10
OIHC2A	2 端口 50GE 以太网光口板	1、2、5~10
OIHG2A	2 端口 25GE 以太网光口板	1、2、5~10
OIHG4A	4 端口 25GE 以太网光口板	1、2、5~10
OIXG2A	2 端口 10GE 光接口板	1、2、5~10
OIXG4A	4 端口 10GE 光接口板	1、2、5~10
OIXGXA	10 端口 10GE 光接口板	1、2、5~10
OIGE8A	8 端口千兆以太网光接口板	YH31:1、2、6、7、8、10 WX91:1、2、5~10 YH91:1、2、5~10
EIGE8A	8 端口千兆以太网电接口板	1、2、6、7、8、10
OIS4A	4 端口通道化 STM-1 光接口板	1、2、6、7、8、10
PW3DC	直流电源板	11、12
FAN	风扇板	13

3.1.2.2　逻辑结构

ZXCTN 6700-12 采用分布式交换架构,实现多业务统一调度和交换。背板接口兼容各种类型的业务线卡,实现所有业务槽位通用。逻辑结构包括信元交换单元、系统高速背板单元、SPN 业务单元、主控/时钟/时间/机电管理单元、系统接口单元、供电单元和散热单元。

ZXCTN 6700-12 的逻辑结构如图 3-9 所示。

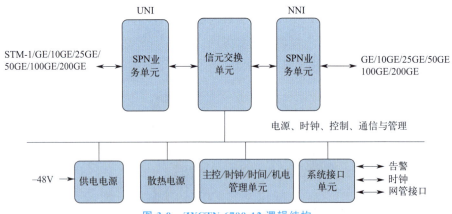

图 3-9　ZXCTN 6700-12 逻辑结构

（1）信元交换单元

信元交换单元实现与业务无关的通用分组交换功能,完成各业务处理单元之间的数据转发功能。

（2）系统高速背板单元

系统高速背板单元完成系统各个硬件功能单元之间的控制、时钟、数据、电源等信号的连接功能。

(3) SPN 业务单元

SPN 业务单元实现 SPN 维度各种业务的接入和交换网的适配处理。

(4) 系统接口单元

系统接口单元用来对外提供系统非业务用户接口，包括系统 2M 外时钟接口（BITS）、系统 Qx 接口（网管接口）、GPS 信息接口（1PPS＋ToD）、告警级联输入接口、外部告警输入接口、告警输出接口、子架告警显示接口等。

(5) 主控/时钟/时间/机电管理单元

① 主控单元：系统的核心单元，实现系统管理平面、控制平面的主要功能。物理上通过系统各单元之间的以太网通信网络实现管理控制信息的传送。管理平面实现对系统内各单板的配置、管理、维护等功能。主控单元与系统内各单板之间采用 GE 以太网接口，实现 S 管理接口及 ECC 通信接口等，主控单元与各单板之间以太网通信采用星形点对点连接。控制平面完成系统各种需要集中处理的协议、告警处理、倒换决策等功能，为系统的连接配置、保护倒换等提供决策结果。

② 时钟/时间同步单元：为系统的各个单板提供统一的系统时钟和 1PPS 信号，并实现系统 1588 时间同步功能。

③ 机电管理单元：实现系统各单板基础信息的管理，包括单板电源通电控制、复位控制、单板生产信息查询、日志操作、温度查询等。

(6) 供电单元

供电单元为系统所有单板提供－48V 电源输入的分配，支持防雷击浪涌、滤波、过流保护、主备电源选择等功能。

(7) 散热单元

散热单元为系统提供强制散热功能，由风扇、风扇告警检测和控制单元组成。

ZXCTN 6180H 的功能单元如图 3-10 所示，包括业务接口单元、业务适配单元、业务交换单元、主控/时钟单元、系统接口单元、供电单元和散热单元。

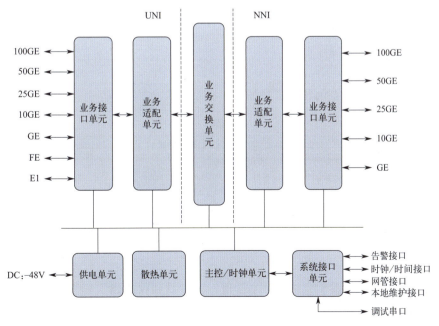

图 3-10　ZXCTN 6180H 功能单元

ZXCTN 6180H 各功能单元的功能与 ZXCTN 6700-12 类似，这里就不再赘述。

3.1.3 任务实施

某地建设一张 5G 承载网，拓扑如图 3-11 所示。

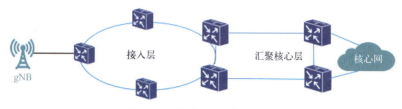

图 3-11 某地 5G 承载网拓扑

接入层使用 ZXCTN 6180H 设备，采用 50GE 光接口组网，要求具备 25GE 光接口接入能力。汇聚核心层使用 ZXCTN 6700-12 设备，采用 100GE 光接口组网。

根据组网图及业务规划，绘制出设备插箱槽位分布图。

任务 3.2 5G 承载设备安装准备

3.2.1 任务分析

在设备安装前需要完成资料准备和工具准备，完成开箱验货，确保货物数量和订货单一致，并确认货物到达现场后无损坏。

3.2.2 知识准备

3.2.2.1 技术资料

设备安装前，需要准备的技术资料如表 3-4 所示。

表 3-4 需准备的技术资料

需准备资料	描述
工程前期资料	工程订货合同（副本）、工程设计资料
工程开通资料	设备工程开通工作规程文档
硬件随机资料	设备用户手册
工程资料	设备工程资料，例如《开箱验货指导手册》《环境验收报告》《硬件安装质量标准》

3.2.2.2 安装工具

施工前需要准备的工具、仪表如表 3-5 所示。工具和仪表以实际采购的标准工具为准，表中的照片仅用作示意。

表 3-5　施工前需要准备的工具、仪表

实物示意图	名称	用途
	十字螺丝刀	紧固十字槽螺钉
	一字螺丝刀	紧固一字槽螺钉
	活动扳手	紧固螺栓
	力矩扳手	紧固螺栓
	卷尺	测量长度
	尾纤跳线	设备光口连接
	水平尺	检查可调底座和机柜的水平度
	记号笔	标记地面钻孔的位置
	羊角锤	安装套筒型锚栓、打开木箱
	冲击钻	钻孔
	吸尘器	清洁安装孔和地面

续表

实物示意图	名称	用途
	斜口钳	修剪线扣、剪断纸箱的打包带
	裁纸刀	划开纸箱包装的胶带
	防静电手环	使操作人员接地,充分保护静电敏感装置和印刷线路板
	万用表	测量机柜的绝缘、电缆的通断、设备的电性能指标,如电压、电流和电阻
	尖嘴钳	剪切线径较细线缆、弯圈单股导线接头、剥塑料绝缘层,以及夹取小零件
	水晶头压线钳	压接网线的水晶头
	同轴电缆压线钳	加工同轴线缆时压接尾部的金属护套
	剥线钳	剥离线缆的外皮

续表

实物示意图	名称	用途
	钻头	安装在冲击钻上
	内六角扳手（5 号）	安装 DCPD10 电源线缆
	液压钳	压接 OT 端子、JG 端子
	电工刀	剖削电线绝缘层
	防静电手套	安装作业时佩戴
	橡胶锤	安装膨胀螺栓
	线扣	捆扎电源线、保护地线和信号线
	尼龙粘扣带	绑扎线缆
	样冲	在水泥地面上凿凹坑
	梯子	高空作业时使用

3.2.3 任务实施

开箱验货分为木箱开箱验货和纸箱开箱验货两种场景。

（1）木箱开箱验货

拆箱前已准备一字螺丝刀、羊角锤、斜口钳、裁纸刀和防护手套。拆箱过程中，若货物有任何异常现象需拍照记录，并及时反馈。步骤如下。

① 检查周围环境，确保已具备安装条件。
② 按发货清单清点货物总件数，确认设备外包装完整。
③ 佩戴防护手套。
④ 将木箱搬运至适合拆除外包装的规范位置，木箱四周需预留120cm的操作空间。
⑤ 使用一字螺丝刀撬开固定木箱顶板、侧板和底板的所有舌片。
⑥ 掀去木箱顶板，并拆卸木箱四周的侧板，如图3-12所示。
⑦ 完成拆箱操作后，去除包装设备的防静电袋。

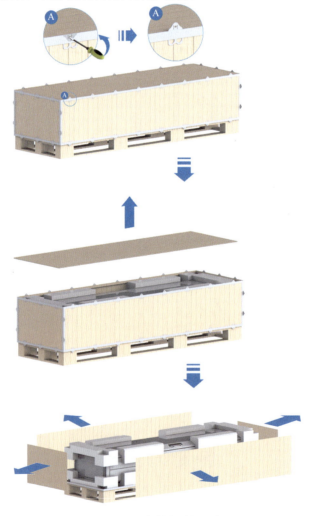

图3-12　木箱拆箱方法

⑧ 取出包装箱中的部件清单、技术文件和设备需要安装的公共货物。

⑨ 清点货物，检查货物，移交并存放货物。

（2）纸箱开箱验货

拆箱前已准备一字螺丝刀、羊角锤、斜口钳、裁纸刀和防护手套。拆箱过程中，若货物有任何异常现象需拍照记录，并及时反馈。步骤如下。

① 按发货清单清点货物总件数，确认设备外包装完整。

② 佩戴防护手套。

③ 拆除纸箱的外包装，如图 3-13 所示。

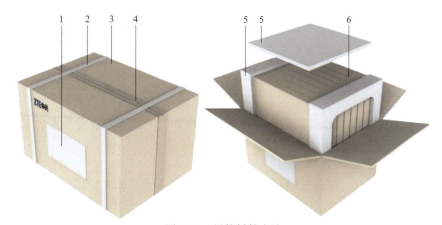

图 3-13　纸箱拆箱方法

1—纸箱标签；2—打包带；3—纸箱；4—胶带；5—泡沫板；6—单板盒

④ 用斜口钳剪断纸箱的打包带。

⑤ 用裁纸刀划开纸箱封口的胶带。

⑥ 打开纸箱，取出工程辅料盒，并注意保存工程辅料盒，以备后续使用。

⑦ 在纸箱中，取出泡沫板。

⑧ 取出设备，去掉套在设备外的塑胶袋。

⑨ 拆除单板的外包装，如图 3-14 所示，对于不会立刻安装的单板，应放回原包装中并封口。

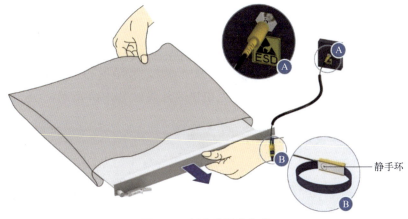

图 3-14　拆除单板外包装

⑩ 清点货物，检查货物，移交并存放货物。

任务 3.3 5G 承载设备具体安装

3.3.1 任务分析

设备安装需遵循一定的先后顺序,主要包括机柜安装、插箱安装、单板安装及光模块安装几个部分,本次任务以 ZXCTN 6700-12 设备为例,学习 5G 承载设备安装方法。

3.3.2 知识准备

3.3.2.1 可调底座

在防静电地板上安装机柜时,为保证机柜的可靠固定,需在防静电地板和混凝土地面之间通过可调底座安装机柜,可调底座外观如图 3-15 所示。

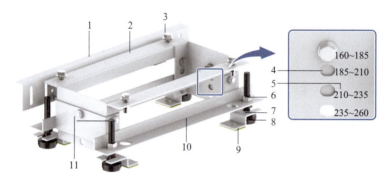

图 3-15 可调底座外观示意图

1—地板支撑架;2—上框;3—M12×40 六角螺栓;4—粗调螺栓孔;5—可调高度标识;
6—锁紧螺母;7—压板;8—微调支脚;9—调整垫片;10—下框;11—粗调螺栓

3.3.2.2 可插拔光模块

光模块可以实现光信号与电信号的转换,从而保证单板业务的正常处理。5G 承载设备常用光模块有 5 种,SFP+光模块的外观如图 3-16 所示,SFP 光模块的外观如图 3-17 所示,CFP 光模块的外观如图 3-18 所示,CFP2 光模块的外观如图 3-19 所示,QSFP28 光模块的外观如图 3-20 所示。

各类光模块适用的单板如表 3-6 所示。

表 3-6 各类光模块适用的单板

光模块类型	单板类型	单板名称
CFP	100GE 光接口单板	PCGA2T1
CFP2	200GE 光接口单板	PDCAT1、PDCA2T1
	100GE 光接口单板	PCGB2T1、PCGE4T1、PCGE2T1、PCGCT1

续表

光模块类型	单板类型	单板名称
SFP	GE 光接口单板	PGEA16T1、PGEC24T1
	STM-1 光接口单板	SC1A16T1
SFP+	10GE 光接口单板	PXGA12T1、PXGA24T1、PXGC12T1
QSFP28	50GE 光接口单板	PHCA4T1、PHCA8T1
	100GE 光接口单板	PCGF2T1、PCGF4T1

图 3-16　SFP+光模块的外观图

图 3-17　SFP 光模块的外观图

图 3-18　CFP 光模块的外观图

图 3-19　CFP2 光模块的外观图

图 3-20　QSFP28 光模块的外观图

3.3.3 任务实施

(1) 安装机柜

以 160～260mm 高度可调底座为例介绍机柜的安装方法,步骤如下。

① 根据底座上的可调高度标识,调整粗调螺栓位置并拧紧,如图 3-21 所示。

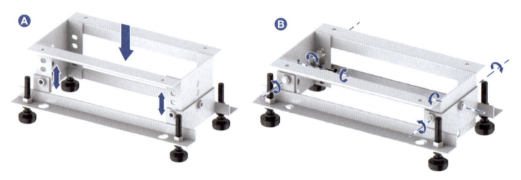

图 3-21 调整粗调螺栓

② 移除机柜安装区域的机房防静电地板及支撑件,如图 3-22 所示。

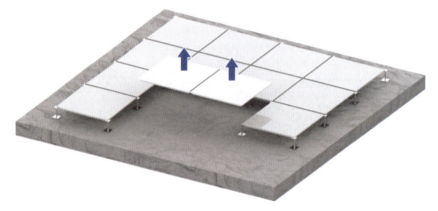

图 3-22 移除防静电地板及支撑件

③ 在混凝土地面上,使用记号笔和划线模板,标记可调底座的安装孔位置,如图 3-23 所示。

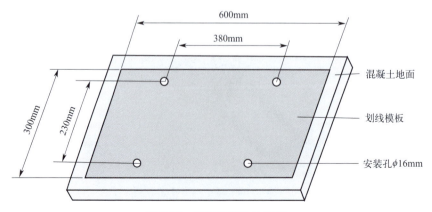

图 3-23 机柜安装孔位标记

④（可选）如地面特别光滑，钻头不易定位，可先用样冲在孔位上凿一个凹坑，以帮助钻头定位。移除划线模板，在标记的位置钻孔，安装膨胀螺栓，安装方法如图 3-24 所示。

⑤ 放置可调底座，调整微调支脚到需要的高度，并在 4 个安装孔位置处安装压板的调整垫片，如图 3-25 所示。

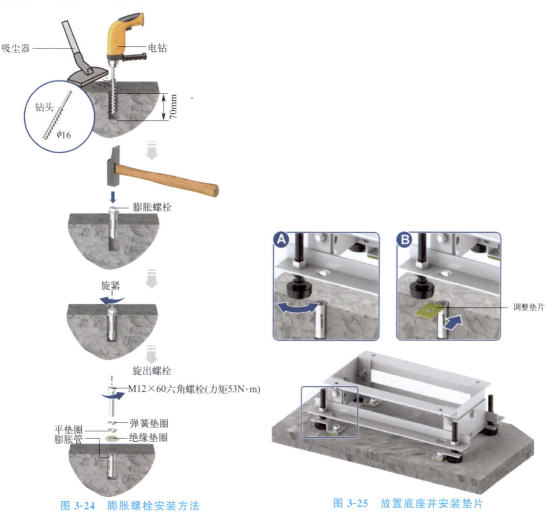

图 3-24　膨胀螺栓安装方法　　　　　　图 3-25　放置底座并安装垫片

⑥ 将压板一端压住支脚，另一端压住调整垫片，并旋紧膨胀螺栓固定，如图 3-26 所示。

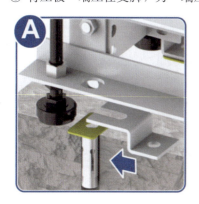

图 3-26　固定支脚及调整垫片

⑦ 可调底座安装好后,借助水平尺,将可调底座调平,要求可调底座水平度偏差≤3mm,如图 3-27 所示。

图 3-27 水平尺调平底座

⑧ 将机柜搬放到可调底座上,如图 3-28 所示。

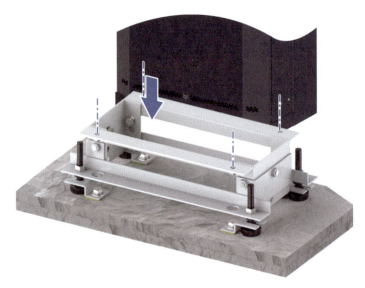

图 3-28 搬放机柜到可调底座上

⑨ 借助水平尺,将机柜调平(若无法调平,可使用调整垫片),要求水平度偏差≤3mm。调平后,旋紧六角螺栓将机柜固定在可调底座上,如图 3-29 所示。

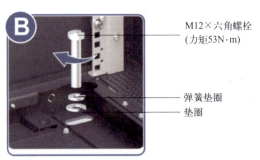

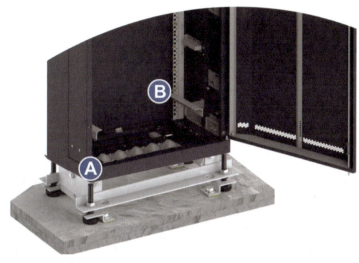

图 3-29 固定机柜在可调底座上

⑩ 将万用表调至电阻挡,使用万用表测量机柜保护地接线柱与 4 个六角螺栓的电阻,如图 3-30 所示。如果电阻测量值≥5MΩ,表明电路呈断路状态,完成了安装操作;如果电阻测量值<5MΩ,表明机柜没有与地面绝缘,需检查六角螺栓安装是否紧固。

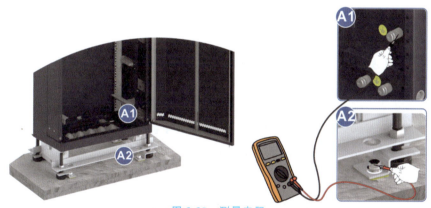

图 3-30 测量电阻

(2)安装浮动螺母

在机柜内安装设备时,需安装浮动螺母,步骤如下。

① 确定浮动螺母在机柜上的安装位置,用记号笔做标记。

② 使用螺丝刀,在标记处安装浮动螺母,如图 3-31 所示。

图 3-31 安装浮动螺母

(3）安装电源分配箱

通常电源分配箱已安装在 ZXCTN 6700-12 机柜中，不需要重新安装，只有在维修时，才需要对电源分配箱进行安装或拆卸的操作，电源分配箱应安装于机柜的最上方，步骤如下。

① 将电源分配箱放到机柜内最上面的安装托架上。

② 将电源分配箱完全推入机柜。

③ 拧紧安装支耳上的松不脱螺钉，使电源分配箱与机柜可靠固定。电源分配箱的安装操作如图 3-32 所示。

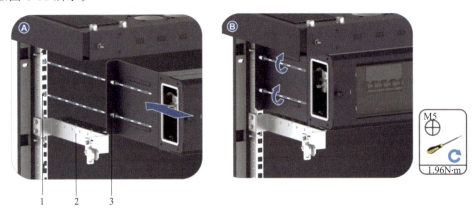

图 3-32　安装电源分配箱

1—浮动螺母；2—安装托架；3—松不脱螺钉

(4）安装设备插箱

设备插箱通过支耳固定在机柜中，步骤如下。

① 佩戴防静电手环。

② 将 ZXCTN 6700-12 插箱抬起放至机柜的托架位置，小心推入。

③ 将插箱完全推入机柜，使 M5 松不脱螺钉插入浮动螺母中。

④ 顺时针旋紧插箱两侧安装支耳上的 M5 松不脱螺钉，力矩为 3.7N·m，将插箱紧固在机柜上，如图 3-33 所示。

图 3-33　安装 ZXCTN 6700-12 插箱

(5) 安装导风插箱

导风插箱只需在 ZXCTN 6700-12 双插箱配置时安装，步骤如下。

① 双手托住导风插箱，平缓推入机柜，借助侧面导向销固定位置，如图 3-34(a) 所示。

② 导风插箱完全推入后，使用长螺丝刀顺时针旋紧导风插箱侧面松不脱螺钉，将导风插箱固定在机柜上，如图 3-34(b) 所示。

图 3-34　安装导风插箱

(6) 安装防静电手环

插箱安装完毕后，应安装防静电手环，步骤如下。

① 将防静电手环安装在插箱的防静电手环插孔内，如图 3-35 所示。

图 3-35　安装防静电手环

② 将防静电手环挂在侧门内侧的挂钩或插箱顶部，防止手环线缆与尾纤缠绕。

（7）安装风扇单元

ZXCTN 6700-12 采用可插拔风扇单元，安装步骤如下。

① 佩戴防静电手环。

② 安装插箱顶部的风扇盒。查看风扇盒顶部黄色的防误插标识，将写有"此面朝上时插入上柜"的一面朝上，确保风扇盒安装方向正确。手托风扇盒至插箱顶部安装槽位处，将风扇盒对准槽位内的左右导轨，完全推入槽位中，直至听到"啪"的锁定声音，如图 3-36 所示。

图 3-36　安装插箱顶部风扇盒

（8）安装电源板

电源板 PWRCT1 为 ZXCTN 6700-12 提供 -48V 直流输入电源，安装步骤如下。

① 佩戴防静电手环。

② 拇指按下单板扳手 PUSH 按钮，将扳手向外扳开至最大角度，松开拇指。

③ 一只手握住单板面板，另一只手向上托单板下边沿，沿槽位滑道向内推入单板，如图 3-37(a) 所示。

④ 将扳手向内扳动到与面板平齐，顺时针旋紧面板上下两端的松不脱螺钉，力矩为 $0.54\text{N}\cdot\text{m}$，固定电源板，如图 3-37(b) 所示。

（9）安装单板

安装多块单板时，应该按照从左至右或者从右至左的顺序逐块安装。用手托住单板时，应托住 PCB 板的边缘部分，避免触碰 PCB 上的器件，安装步骤如下。

① 佩戴防静电手环。

② 借助手电筒等工具检查背板槽位是否正常。

③ 接到设备或单板，保留第一次通电记录。

④（可选）检查待安装单板的槽位中是否安装了转换架。安装全高板时，先将转化架拆卸。

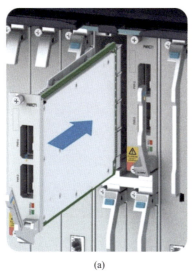 

图 3-37　安装电源板

⑤ 将单板防误插标识颜色与插箱上单板防误插标识颜色相对应，确定插板方向。

⑥ 拇指按下单板面板上、下扳手 PUSH 按钮，同时将扳手向两侧扳开至最大角度，松开拇指。

⑦ 安装单板过程中，一只手握住单板面板，另一只手向上托单板下边沿，沿槽位滑道向内推入单板，如图 3-38 所示。

⑧ 将上、下扳手向内扳动到与面板平齐，顺时针旋紧面板上下两端的松不脱螺钉，力矩为 0.54N·m，完成单板安装操作，如图 3-39 所示。

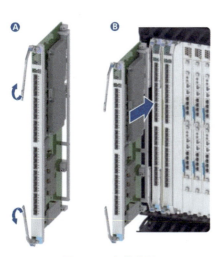 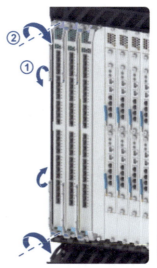

图 3-38　安装单板　　　　　　　　图 3-39　旋紧螺钉固定单板

⑨ 未安装的单板，放入防静电保护袋内，做好标记。

（10）安装转换架

通过安装转换架，可以实现将 9U 高和半高的单板插入 12U 高的槽位中，安装步骤如下。

① 佩戴防静电手环。
② 手托转换架至安装槽位处，并轻轻推入。
③ 顺时针旋紧上下两颗松不脱螺钉，力矩为 0.54N·m，固定转换架，如图 3-40 所示。

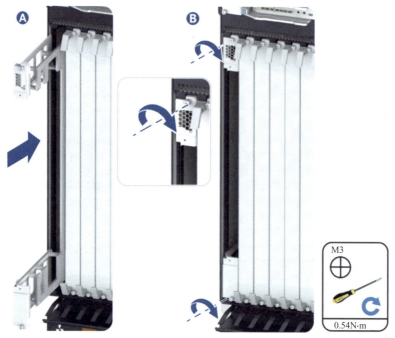

图 3-40　安装转换架

(11) 安装假面板

为保证插箱内部形成良好的散热风道，未安装单板的插箱空闲槽位应该安装假面板，安装步骤如下。

① 佩戴防静电手环。
② 将上下两颗松不脱螺钉逆时针扭转至最大角度。
③ 一只手握住单板面板，另一只手向上托单板下边沿，沿槽位滑道向内推入单板。
④ 顺时针旋紧上下两颗松不脱螺钉，力矩为 0.54N·m，固定假面板，如图 3-41 所示。

图 3-41　安装假面板

（12）安装光模块

ZXCTN 6700-12 采用了 5 种可插拔的光模块，分别为 SFP、SFP＋、QSFP28、CFP 和 CFP2。其中 SFP、SFP＋、QSFP28 和 CFP2 安装方式相同，下面分别介绍 SFP＋光模块和 CFP 光模块的安装方法。

① 安装 SFP＋光模块。

a）食指将光模块的拉手环向外推开，旋转 90°，使光模块充分解锁，如图 3-42 所示。

图 3-42　向外推开光模块拉手环

b）将光模块有凸起部件的一面朝左，沿轴线对准单板接口的相应位置，轻推光模块，平行推入到位，直至听到"咔嗒"一声。

c）将光模块推到底后，扳动拉手环至与光模块表面贴合，扣紧固定光模块，如图 3-43 所示。

图 3-43　安装 SFP＋光模块

② 安装 CFP 光模块。

a）平行推入光模块到位。

b）顺时针旋紧松不脱螺钉固定光模块，力矩为 3.7N·m，如图 3-44 所示。

（13）安装光衰减器

光衰减器的作用是对输入光功率进行衰减。安装步骤如下。

① 拔下光衰减器前后保护套。

② 将光衰减器上的弹片对准单板上的光口法兰盘的凹槽，适度用力推入，直至听到"啪"一声轻响，卡紧即可，如图 3-45 所示。

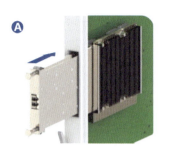

图 3-44　安装 CFP 光模块　　　　　　　　　图 3-45　安装光衰减器

任务 3.4　5G 承载设备线缆安装

3.4.1　任务分析

在完成了所有 5G 承载设备安装之后，接下来就是正确地布放安装各种线缆，然后给线缆打上正确的标签并根据安装规范对线缆进行绑扎，使其达到工程要求。

3.4.2　知识准备

（1）线缆间的连接关系

各种线缆外观、端口连接关系如表 3-7 所示。

微课扫一扫

5G 承载设备
线缆安装

表 3-7　线缆间连接关系

线缆类型	线缆名称	线缆图	A 端接口	B 端接口
电源线	外部电源线（-48V）	A端　　B端	直流电源分配单元的-48V 输入端	机房供电设备
	外部电源线（-48V RTN）	A端　　B端	直流电源分配单元的-48V RTN 输入端	机房供电设备
	插箱电源线	A端　　B端	插箱直流电源板电源插座	B1：直流电源分配单元的-48V RTN 输出端；B2：直流电源分配单元的-48V 输出端
保护地线	外部保护地线	A端　　B端	机柜顶部 M8 接地螺栓	机房保护地汇流排
	插箱接地线缆		插箱底部 M6 接地螺栓	机柜内侧接地点

续表

线缆类型	线缆名称	线缆图	A 端接口	B 端接口
网线	插箱告警显示电缆	RJ45插头 A端 —— RJ45插头 B端	主控交换板插箱告警显示接口(LAMP)	机柜顶部指示灯板 RJ45 插座
	网管网线		主控交换板的网管接口(Qx)	网管计算机或 HUB 等网络设备
	告警输入线缆		主控交换板的外部告警输入接口(ALM_IN)	用户设备
	告警输出线缆	RJ45插头 A端 —— B端	主控交换板的告警输出接口(ALM_OUT)	用户设备
	时间同步 GPS 线缆		主控交换板的时间同步接口(GPS)	用户设备
	以太网业务网线		以太网单板电接口	用户设备
BITS 线缆	75Ω BITS 线缆	A端 —— B端	主控交换板的 BITS 时钟接口(BITS-75Ω)	BITS 设备
光纤	尾纤	A端 —— B端	业务板光接口	用户设备

(2)机柜走线孔

机柜走线孔与线缆的对应关系如图 3-46 所示。

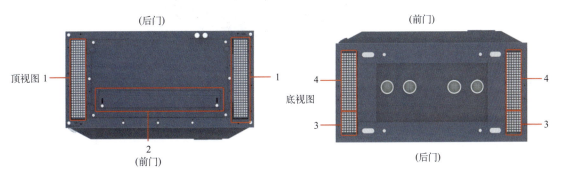

图 3-46 机柜走线孔说明

1—网线、光纤、E1 线缆等出线位置;2—电源线、地线出线位置;
3—电源线出线位置;4—网线、光纤、E1 线缆、地线出线位置

电源分配箱与机柜顶部走线孔对应关系如图 3-47 所示。

3.4.3 任务实施

(1)安装插箱保护地线

为了保证通信设备的正常工作以及维护人身安全,避免接触电压、跨步电压对人体的危害,必须连接插箱保护地线,插箱使用 16mm^2 黄绿相间色单芯接地线缆。安装步骤如下。

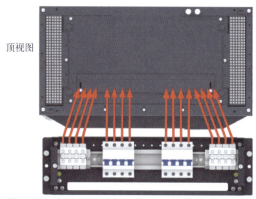

图 3-47 电源分配箱与机柜顶部走线孔对应关系

① 佩戴防静电手套。

② 用十字螺丝刀取下插箱接地点的螺钉,将保护地线的 A 端固定在插箱接地点,拧紧螺栓,力矩为 1.96N·m。

③ 将插箱保护地线的 B 端就近连接至机柜后立柱的接地螺栓,拧紧螺栓,力矩为 1.96N·m。安装插箱保护地线的过程如图 3-48 所示。

图 3-48 安装插箱保护地线

(2) 安装外部电源线

当机柜内设备安装完毕后,应采用正确的方法布放外部电源线,将外部电源引入机柜。外部电源线(-48V)采用蓝色单芯阻燃电缆。外部电源线(-48V RTN)采用红色单芯阻燃电缆。安装步骤如下。

① 佩戴防静电手环。

② 将直流电源线缆的 A 端插入电源分配箱,拧紧螺钉,力矩为 1.96N·m。安装效果如图 3-49 所示。

③ 将电源线缆的 B 端连接机房供电设备。

(3) 安装插箱直流电源线

当机柜内设备安装完毕后,应采用正确的方法将插箱的电源线缆连接到机柜的电源分配箱。安装步骤如下。

① 佩戴防静电手套。

② 根据工勘要求截取相应长度的插箱直流电源线。

③ 根据管状端子金属管长度剥去电源线外保护皮层。剥线长度长于管状端子金属管长度 0.5~1mm。

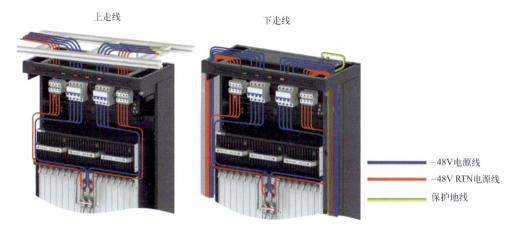

图 3-49　安装外部电源线

④ 如图 3-50 所示，使用管状端子压线钳压接管状端子。

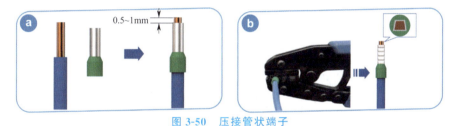

图 3-50　压接管状端子

⑤ 将插箱直流电源线的 A 端插入插箱电源板的电源接口，如图 3-51 所示。

⑥ 将插箱直流电源线的 B 端沿机柜左前立柱和右前立柱走线至电源分配箱的接线端子处，顺时针拧紧螺钉，力矩为 1.96N·m。安装完成效果图如图 3-52 所示。

（4）安装网线

ZXCTN 6700-12 插箱安装的网线包括时间同步 GPS 线缆、网管网线、告警输入电缆、告警输出电缆、插箱告警显示电缆。安装步骤如下。

① 佩戴防静电手环。

② 将网线 A 端插入插箱对应接口。

③ 将网线 B 端沿插箱左侧出线，根据不同的网线用途，连接到相应的设备接口，如网管计算机等。

（5）安装光纤

当机柜内设备安装完毕后，应采用正确的方法安装光纤线缆，连接到外部设备。安装步骤如下。

① 佩戴防静电手环。

② 摘掉光纤连接器的白色光纤帽。

③ 将光纤的 A 端垂直插入光模块，听到"咔哒"声说明光纤连接到位。

④ 光纤 B 端沿插箱两侧出纤，连接到外部设备。

⑤ 上走纤时，纤缆引出机柜之前，用斜口钳将侧柜顶部挡片剪掉部分，将纤缆从缺口位置引出。用套管包裹住侧柜外的纤缆，固定到走纤架上，如图 3-53 所示。

图 3-51　安装插箱直流电源线 A 端

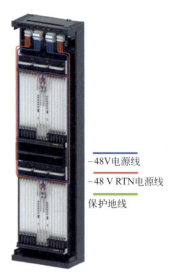
图 3-52　插箱直流电源线安装完成效果图

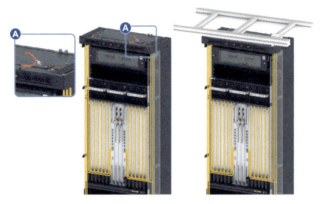
图 3-53　光纤出纤要求

⑥ 不插光纤的光接口盖上光口塞，没有插入光口的光纤套上光纤帽。

（6）粘贴线缆标签

为便于设备的调试和维护，应在每条线缆两端距离连接头 1～2cm 处，各粘贴一张标签，电源标签、线缆标签和尾纤标签分别如图 3-54～图 3-56 所示。

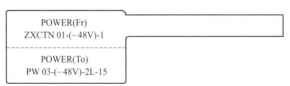
图 3-54　电源标签

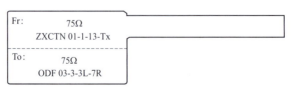
图 3-55　线缆标签

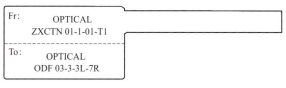

图 3-56 尾纤标签

操作步骤如下。

① 佩戴防静电手环。

② 在距离线缆接头约 2cm 处,将标签与线缆定位并将标签尾部向左折叠,使标签粘贴在线缆上。

③ 将标签头部下端向内、向上折叠,使标签头部下端和上端粘贴在一起,如图 3-57 所示。对于垂直线缆,标签头部一般朝左。对于水平线缆,标签头部一般朝下。

(7)捆扎线缆

用扎带将布放完成的线缆进行固定,线缆的绑扎要求如表 3-8 所示。

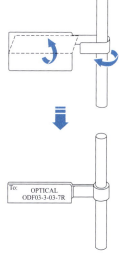

图 3-57 粘贴线缆标签

表 3-8 线缆绑扎要求

规范	示意图
线缆绑扎后应保持顺直,水平线缆的扎带绑扎位置距离应相同,垂直线缆绑扎后应能保持顺直	
尽量避免使用多根扎带连接后并扎,以免绑扎后的强度降低。扎带扎好后应将多余部分齐根平滑剪齐,在接头处不得带有尖刺	
线缆绑扎成束时,扎带间距应为线缆束直径的 3~4 倍	
绑扎成束的线缆转弯时,弯曲半径不能小于 30mm,扎带应扎在转角两侧,以避免在线缆转弯处用力过大造成断芯的故障	

续表

规范	示意图
机柜内线缆应由远及近顺次布放,即最远端的线缆应最先布放,使其位于走线区的底层。布放时尽量避免线缆交错	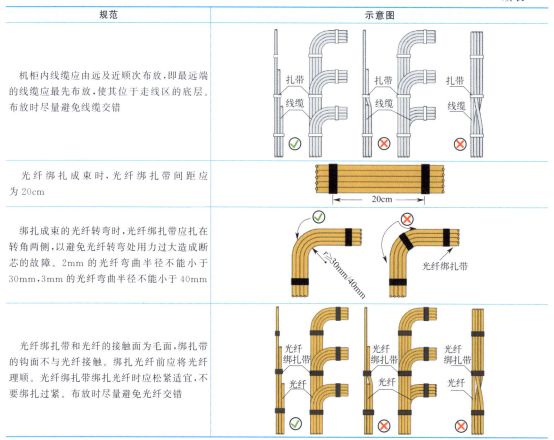
光纤绑扎成束时,光纤绑扎带间距应为 20cm	
绑扎成束的光纤转弯时,光纤绑扎带应扎在转角两侧,以避免光纤转弯处用力过大造成断芯的故障。2mm 的光纤弯曲半径不能小于 30mm,3mm 的光纤弯曲半径不能小于 40mm	
光纤绑扎带和光纤的接触面为毛面,绑扎带的钩面不与光纤接触。绑扎光纤前应将光纤理顺。光纤绑扎带绑扎光纤时应松紧适宜,不要绑扎过紧。布放时尽量避免光纤交错	

任务 3.5 5G 承载设备通电检查

3.5.1 任务分析

5G 承载设备完成安装之后,按照惯例,还需进行通电检查,确保设备能正常运行方能离开施工现场。

3.5.2 知识准备

3.5.2.1 通电检查流程

设备第一次通电检查流程如图 3-58 所示。

① 测试一次电源:设备通电前,需要测试一次电源,以确保机房、机柜和设备的电源开关、电源输入、接地系统等都正常。

② 机柜加电:机柜加电前,需要先拔出单板;加电后,需要检查 ZXCTN 6700-12 设备是否可以正常通电。

③ 测试风扇：机柜正常加电后，应检查风扇插箱是否正常工作，同时初步验证设备内部的电源连接是否正常。

④ 检查单板状态：单板加电后，需要及时检查单板状态，如有异常需要立即断电。

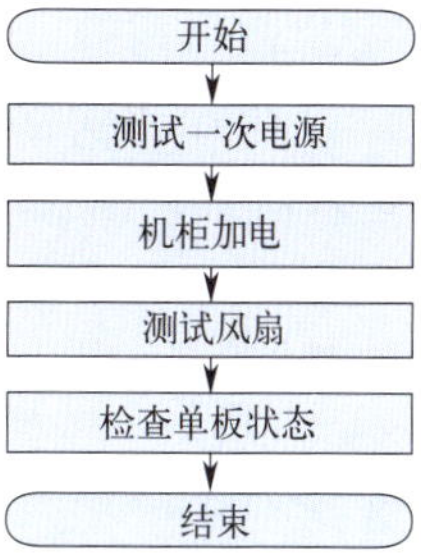

3.5.2.2 单板状态指示灯

观察各单板上的运行指示灯，根据指示灯状态判断单板是否正常工作，如有异常须立即断电。具体如表 3-9 所示。

图 3-58 第一次通电检查流程

表 3-9 指示灯状态含义

指示灯状态	含义
RUN 绿灯 ✓ 闪烁，ALM 灯灭	单板工作正常，且无告警，无需处理
RUN 绿灯 ✓ 闪烁，ALM 红灯 ❗ 长亮	单板告警，需要通过网管或命令行查询和处理告警
RUN 绿灯 ✓ 和 ALM 红灯 ❗ 交替闪烁	单板通电中，在等待配置
RUN 绿灯 ✓ 长亮，ALM 红灯 ❗ 闪烁	单板通电中，软件加载与初始化
RUN 灯灭，ALM 红灯 ❗ 闪烁	单板软件自检不通过，需要重新加载单板软件

3.5.3 任务实施

（1）测试一次电源

① 确认机房为设备供电的回路开关及电源分配箱的空气开关处于断开状态。

② 用万用表测量设备电源输入端正负极无短路，核查端子标识是否正确无误，系统工作地是否接好，证实无误后接通为设备供电的回路开关。

③ 在 ZXCTN 6700-12 设备侧用万用表测量一次电源电压，确认其极性正确，且电压值在 $-57.6 \sim -40$V 范围内。

④ 用万用表测量防雷保护地、系统工作地、-48V RTN 三者之间的电压差，应小于 1V。

（2）机柜加电

① 佩戴防静电手环。

② 拔出 ZXCTN 6700-12 插箱中除电源板之外的所有单板，使单板处于浮插状态。

③ 接通机柜电源分配箱中的断路器。

④ 观察电源板的指示灯状态，选择执行下列操作。如果电源板 RUN 指示灯绿灯闪烁，那么电源板工作正常。如果电源板 RUN 指示灯熄灭，那么电源板工作异常，须立即断电（断开电源分配箱的断路器）。确认电源板已牢固插入插箱槽位，电源板无故障，以及插箱电源线连接正常。

（3）测试风扇

① 佩戴防静电手环。

② 接通机柜和设备电源后，观察 ZXCTN 6700-12 风扇运转情况。如果风扇插箱 RUN/ALM 指示灯绿灯长亮，那么风扇工作正常。如果风扇插箱 RUN/ALM 指示灯红灯长亮，则风扇工作异常，应立即停电检查。确认风扇插箱内是否无异物、风扇插箱是否已插牢固、内部连线连接是否正常，以及风扇是否无故障。

（4）检查单板状态

① 佩戴防静电手环。

② 将浮插状态的单板逐一插入插箱。此时，单板开始运行，面板指示灯闪烁，指示单板运行状态。插入单板前，应确保背板插槽无倒针且无异物。

③ 观察各单板上的运行指示灯，根据指示灯状态判断单板是否正常工作，如有异常须立即断电。

项目测评

一、选择题

1. ZXCTN 6700-12 共有（　　）个电源板槽位。
   (A) 1　　　　　(B) 2　　　　　(C) 3　　　　　(D) 4

2. 与客户侧单板和线路侧单板配合使用，实现 SPN 业务的交换和调度的是（　　）。
   (A) 主控交换板　(B) 交换板　　　(C) 电源板　　　(D) 业务板

3. 下列（　　）能提供 NNI 侧和 UNI 侧 2 路 100GE 光线路接口。
   (A) PDCAT1　　(B) PDCA2T1　　(C) PCGF2T1　　(D) PHCA4T1

4. 连接主控交换板的网管接口（Qx）使用（　　）。
   (A) 电源线　　　(B) 网线　　　　(C) 尾纤　　　　(D) BITS 线缆

5. 10GE 光接口单板使用的光模块为（　　）。
   (A) CFP　　　　(B) CFP2　　　 (C) SFP　　　　(D) SFP+

6. 为了保证通信设备的正常工作，以及维护人身安全，避免接触电压、跨步电压对人体的危害，必须在插箱上连接（　　）。
   (A) 电源线　　　(B) 网线　　　　(C) 防静电手环　(D) 保护地线

7. 为便于设备的调试和维护，应在每条线缆两端距离连接头（　　）处，各粘贴一张标签。
   (A) 1～2cm　　 (B) 2～3cm　　 (C) 3～4cm　　 (D) 4～5cm

8. 光纤绑扎成束时，光纤绑扎带间距应为（　　）。
   (A) 10cm　　　 (B) 20cm　　　 (C) 30cm　　　 (D) 40cm

9. 通电检查包含的步骤有（　　）。
   (A) 测试一次电源　(B) 机柜加电　　(C) 测试风扇　　(D) 检查单板状态

10. RUN 绿灯闪烁，ALM 灯灭，表明单板处于何种工作状态？（　　）
    (A) 单板工作正常，且无告警，无需处理
    (B) 单板告警，需要通过网管或命令行查询和处理告警
    (C) 单板通电中，在等待配置
    (D) 单板通电中，软件加载与初始化

二、简答题

1. 简述开箱验货流程。
2. 简述 ZXCTN 6700-12 单板安装步骤。
3. 写出 ZXCTN 6700-12 支持的 5 种光模块类型。
4. 简述设备光纤安装步骤。
5. 简述线缆捆扎规范。

项目 4

5G 承载设备调试

项目简介

  5G 承载设备调试是 5G 承载网工程师的核心岗位技能，5G 承载设备的调试分为单机调试、系统联调、基础数据配置和业务开通配置 4 个主要部分，通过本项目的学习，我们将了解 5G 承载设备的配置流程、关键参数，熟练掌握相关配置命令和网管软件的操作。

学习目标

▶▶ 知识目标

① 了解设备调试流程；
② 理解设备调试关键参数；
③ 掌握基础数据配置方法；
④ 掌握 FlexE、IS-IS、SR 配置方法；
⑤ 掌握 L2VPN、L3VPN 配置方法。

▶▶ 能力目标

① 能够完成 L2VPN 业务的开通配置；
② 能够完成 L3VPN 业务的开通配置。

▶▶ 素质目标

① 培养职业责任使命感；
② 培养职业规范意识；
③ 培养艰苦奋斗、勇于创新的劳模精神。

任务 4.1　单机调试

4.1.1　任务分析

在通信网络建设和维护过程中，经常需要对设备进行单机调试，通过本任务学习，我们将掌握 5G 承载接入网元的调试方法，包括设备连接、设备清库、网元配置和网元上线等。

网络拓扑如图 4-1 所示，接入网元 6700-1 通过 Qx 口与网管服务器相连。

图 4-1　单机调试网络拓扑

配置参数如表 4-1 所示，包括 MNG IP、Qx IP，以及网管服务器 IP 地址。

表 4-1　单机调试配置参数

网元	IP 地址
网管	198.8.8.5/24
接入网元	MNG IP：198.2.1.151 Qx IP：198.8.8.18/24

4.1.2　知识准备

4.1.2.1　设备连接

（1）串口连接

以连接 PC 和 ZXCTN 6700 设备为例，用图 4-2 所示的方式连接 PC 和 ZXCTN 6700 设备。

图 4-2　PC 和设备的串口连接示意图

① 使用串口线分别连接 PC 的串口和 ZXCTN 6700 设备主控板的 COM 口。

② 在 PC 上启动超级终端：以操作系统 Windows XP 为例，单击"开始"→"程序"→"附件"→"通信"→"超级终端"，弹出"新建连接"对话框，如图 4-3 所示。Windows 7/Windows 10 操作系统，也可以采用 PuTTY 等串口连接软件。

③ 在名称文本框中输入新建连接的名称（例如 ZXCTN），单击 ZXCTN 图标。单击新建连接对话框的"确定"按钮后，弹出连接对话框，如图 4-4 所示。根据串口线连接的调试 PC 串口，在连接时使用栏中选择相应的串口（例如 COM1），单击"确定"按钮。

图 4-3 "新建连接"对话框

图 4-4 连接对话框

串口线连接调试 PC 和 ZXCTN 设备后,查询 PC 所用串口号的方法如下(以操作系统 Windows XP 为例),在 PC 桌面上,右击计算机,选择快捷菜单管理,打开"计算机管理"页面,如图 4-5 所示。在左侧导航树中,选择菜单系统工具→设备管理器,在打开的页面中查看端口→通信端口路径下的串口号(如 COM1)。

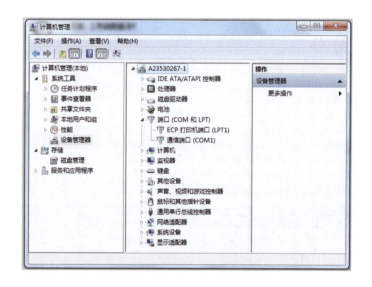

图 4-5 "计算机管理"页面

④ 在端口设置页面,设置每秒位数为 115200,其他使用默认值,如图 4-6 所示。

⑤ 单击"确定"按钮,弹出"超级终端"对话框,如图 4-7 所示,当超级终端对话框的窗口中显示 ZXR10>_ 提示符时,表示 PC 已经成功连接设备。

(2)LCT 口连接

① 使用网线连接 PC 和 ZXCTN 6700 设备的 LCT 口,如图 4-8 所示。

② LCT 口地址默认为 1.1.1.18/24。确保 PC 和 ZXCTN 6700 的 LCT 口 IP 地址在同一个网段。

③ 在 PC 的 cmd 窗口,执行 telnet 命令访问 LCT 口的 IP 地址。默认用户名为 who,登

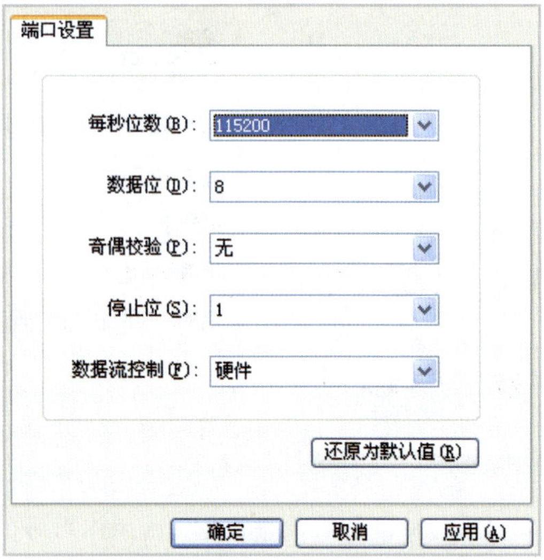

图 4-6 "端口设置"页面

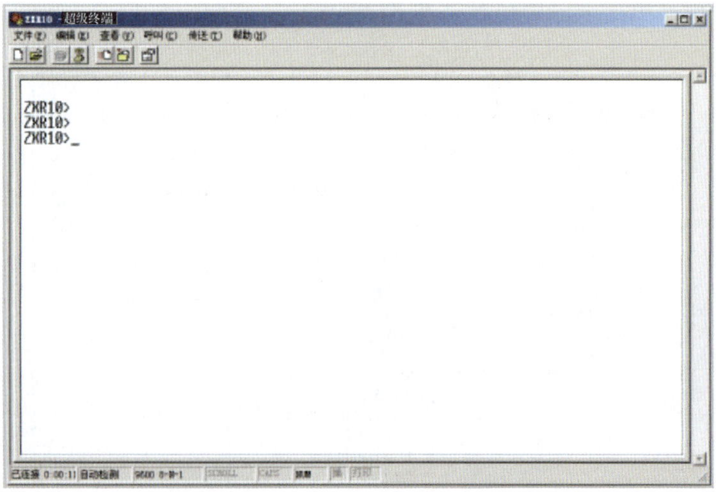

图 4-7 "超级终端"对话框

图 4-8 设备连接示意图

录密码为 Who_1234,首次登录后需要修改默认密码,如下所示。

```
telnet 1.1.1.18    /*此处 IP 固定*/
who
Who_1234    /*who 用户的默认密码*/
```

4.1.2.2 加载软件版本

如果现场设备未加载版本文件或加载版本文件不是目标版本，可在设备进行版本文件的加载，可使用串口加载版本文件，通过在串口下中断 ZBOOT 进程，配置网络启动的方式加载版本，加载过程如下。

① 给 ZXCTN 6700 设备通电。

② 在 boot 启动阶段，出现以下打印信息时，按任意键进入 boot 设置界面。

Press any key to stop autoboot：3

③ 出现以下打印信息时，输入 y 可修改启动配置参数。

Do you want to manual config?（Yy/Nn）y

④ 设置 boot 参数。

```
Config As SC?（Yy/Nn）：y //是否作为控制系统配置 boot 参数，输入 y
Boot Mode(1：Local Flash；2：Net)：2 //若设置为本地启动，则直接选择"1"即可
Base MAC Addr：0:d0:d0:77:8:0 //配置设备的 MAC 地址，可以采用默认值，如果与网络中其他设备冲突，则可手动修改，此处无需修改，直接单击"确定"
Mac Total：16 //此选项无需修改，直接单击"确定"
Local IP：1.1.1.18 //配置 LCT 的地址，默认为 1.1.1.18/24
Net Mask：255.255.255.0 //此选项无需修改，直接单击"确定"
Gateway IP：1.1.1.10 //配置网关 IP 为 FTP 服务器的 IP 地址
Server IP：1.1.1.10 //FTP 服务器的 IP
File Name：base.set //ZXCTN 6700 产品的主程序名称为 *.set，文件名可以任意，只要保证此处文件名和 FTP 服务器存放的文件保持一致即可
FPGA File Name：fpga.bin
FTP Path：//如果文件存放在 FTP 根目录下，直接单击"确定"
FTP Fpga Path：//如果文件存放在 FTP 根目录下，直接单击"确定"
FTP Username：upp //配置 FTP 服务器的用户名
FTP Password：*** //配置 FTP 服务器的密码
FTP Password Confirm：*** //重复确认 FTP 服务器的密码
Serial Authenticate（Yy/Nn）：n //不开启串口认证
Enable Password：***** //配置 enable 密码，默认为 zxr10，无需修改
```

⑤ 出现以下打印信息时，输入 y，设备被设置为网络启动。

Manual boot now?（Yy/Nn）y

设备通过网络加载版本文件重启成功之后，会将版本文件写入内存中，同时修改重启方式为 FLASH 重启，版本加载的目录为 sysdisk0/verset/base.set。

4.1.3 任务实施

4.1.3.1 清空配置

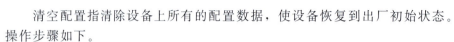

清空配置指清除设备上所有的配置数据，使设备恢复到出厂初始状态。操作步骤如下。

① 通过网线或串口线连接 PC 和 ZXCTN 6700 设备，如图 4-9 所示。

图 4-9　PC 和设备的连接示意图

② 以 LCT 口为例，在 PC 机的 cmd 窗口，通过 telnet 命令访问 LCT 口的 IP 地址，PC 与设备间建立访问连接。

```
telnet 1.1.1.18
who
Who_1234        /*进入配置界面*/
ZXCTN#en        /*进入特权模式*/
Password:zxr10
```

③ 在配置模式下，设置设备启动方式为 noload，进行清库操作。空配置加载重启方式仍然会加载与 DCN（Data Comunications Network，数据通信网）相关的配置，ETH 端口 DCN 不会有影响，但是对 VEI 接口的 DCN 会有影响，可能会影响网元管理。

```
ZXCTN#configure terminal
ZXCTN(config)#load-mode noload //空配置加载,仅保留 DCN 相关配置(不包含 VEI DCN 配置)
```

④ 执行 reload system force 命令进行设备重启。

```
ZXCTN#reload system force
The slave sc does not exist, and proceed with reload system?[yes/no]：y
……
```

⑤ 设备重启后，执行 user-configuration enable 命令，打开用户配置模式。否则，无法通过命令行控制设备。

```
ZXCTN#configure terminal
ZXCTN（config）#user-configuration enable
```

⑥ 执行 write 命令，将空数据库写入文件。

```
ZXCTN#write zdb
Write DB OK!
```

⑦ 在配置模式下，执行 manual-discovery all 命令自动发现单板接口。

```
ZXCTN#configure terminal
ZXCTN(config)#manual-discovery all
```

4.1.3.2 检查设备状态

设备正常通电运行后,还需要检查设备单板和端口的具体状态信息,包括所插单板运行状态、所用物理端口工作状态及以太网接口的ARP表项等。具体步骤如下。

① 执行 show processor 命令检查所插单板状态是否为 up,以及 CPU 使用率状况。能查询到 CPU 使用率状况的单板状态为 up。

```
ZXCTN#show processor
=====================================================================
Character : CPU current character in system
MSC       : Master-SC in Cluster System
SSC       : Slave-SC in Cluster System
N/A       : None-SC in Cluster System
CPU(5s)   : CPU usage ratio measured in 5 seconds
CPU(1m)   : CPU usage ratio measured in 1 minute
CPU(5m)   : CPU usage ratio measured in 5 minutes
Peak      : CPU peak usage ratio measured in 1 minute
PhyMem    : Physical memory (megabyte)
FreeMem   : Free memory (megabyte)
Mem       : Memory usage ratio
=====================================================================
```

Character	CPU(5s)	CPU(1m)	CPU(5m)	Peak	PhyMem	FreeMem	Mem
PFU-1/2/0	N/A	11%	12%	11%	16%	1571	1074	31.636%
PFU-1/3/0	N/A	17%	16%	16%	17%	1571	1055	32.845%
PFU-1/4/0	N/A	18%	18%	17%	19%	1571	1042	33.673%
PFU-1/17/0	N/A	11%	11%	11%	12%	1571	1076	31.509%
PFU-1/46/0	N/A	9%	9%	9%	11%	1979	1921	2.931%
MPU-1/50/0	MSC	3%	3%	3%	3%	15905	14478	8.972%
MPU-1/41/0	SSC	3%	3%	3%	3%	15905	14478	8.972%
PFU-1/111/0	N/A	3%	3%	3%	3%	1571	1258	19.924%

根据上述打印结果，可以知道设备的 PFU 业务板、MPU 主控板、MSC 主用主控板的状态都为 up。

② 执行 show ip interface brief 命令检查 IP 地址/掩码是否正确、接口是否激活。

```
ZXCTN#show ip interface brief
Interface          IP-Address      Mask             Admin   Phy   Prot
xgei-1/3/0/1       unassigned      unassigned       up      up    up
xgei-1/3/0/2       200.30.2.3      255.255.255.0    up      up    up
xgei-1/3/0/3       unassigned      unassigned       up      up    up
xgei-1/3/0/4       unassigned      unassigned       up      up    up
```

上述打印结果的字段解释如表 4-2 所示。

表 4-2　接口字段说明

字段	解释
Interface 中接口后的数字	机架号(默认为1)/槽位号/CPU 号(默认为0)/接口号
Admin	up 表示接口的管理状态可用，down 表示不可用。可以在接口模式下用 no shutdown 设为可用，用 shutdown 设为不可用，缺省为可用状态
Phy	up 表示物理状态激活，down 表示物理未连接或异常。为 down 时需要检查网线或光纤
Prot	up 表示链路层协议可用，down 表示不可用。为 down 时需要检查配置

③ 执行 show interface description 命令检查各个工作端口的状态信息是否正常。

```
ZXCTN#show interface description
Interface          AdminStatus    PhyStatus    Protocol    Description
xgei-1/3/0/1       up             up           up          none
xgei-1/3/0/2       up             up           up          none
xgei-1/3/0/3       up             up           up          none
xgei-1/3/0/4       up             up           up
```

④ 执行 show interface xgei-1/x/0/x 命令检查某个端口是否运行正常、收发包的具体流量、是否收到错包等。

如果出现大量 CRC 错误，检查网线或光功率是否符合要求。当需要重新计算接口收发包的数量时可以使用 clear statistics interface 口令清除统计数据。

⑤ 执行 show arp 命令检查以太网接口的 ARP 表项。

```
ZXCTN#show arp
Arp protect whole is disabled
The count is 19
IP                    Hardware                        Exter    Inter    Sub
Address    Age        Address         Interface       VlanID   VlanID   Interface
--------------------------------------------------------------------------------
```

100.1.10.2	00:05:38	0010.9400.0009	fei-1/6/0/8.1	1	N/A	fei-1/6/0/8.1	
14.0.0.2	P	0000.0000.0012	xgei-1/10/0/4	N/A	N/A	N/A	
10.0.0.6	P	0001.0200.0e01	gei-1/11/0/1	N/A	N/A	N/A	
10.10.1.2	00:05:58	0010.9400.0002	gei-1/11/0/2	N/A	N/A	gei-1/11/0/2	
10.10.2.2	00:05:58	0010.9400.0002	gei-1/11/0/3	N/A	N/A	gei-1/11/0/3	
13.13.13.2	P	0001.0200.0d01	gei-1/11/0/7	N/A	N/A	N/A	
100.1.16.6	00:00:59	0001.0200.0f01	gei-1/11/0/9.1	1	N/A	gei-1/11/0/9.1	

Age 为 "H"，表示这个 IP 地址是路由器自身接口上的；Age 为 "P"，表示这个 ARP 为手工静态配置，应检查是否有对端的 ARP 表项，如果没有，需检查对端地址是否配置正确。Age 为一串时间数字如 "00：05：38" 表示此条表项是通过 ARP 学习功能学习到的，并标识出了学习到的时间。

4.1.3.3 接入网元配置

通过接入网元的串口，进入设备的用户配置模式，根据组网规划，配置设备名称、管理 IP、Qx 口 IP 和路由信息。

配置前提如下。

① 设备已清空配置，或者设为出厂默认配置。

② 已通过串口线成功连接调试 PC 的串行口与 ZXCTN 6700 主控板的 COM 口，超级终端对话框中出现 ZXCTN＞_ 提示符。

配置过程如下。

① 执行 configure terminal 命令，进入全局配置模式。

```
ZXCTN#configure terminal
//在特权模式下，输入 configure terminal，进入提示符为 ZXCTN(config)#的全局配置模式
Enter configuration commands, one per line. End with CTRL/Z.
ZXCTN(config)#
```

② 执行 hostname 命令，修改设备名称为 6700-1。

```
ZXCTN(config)# hostname 6700-1
6700-1(config)#
```

③ 进入 DCN 配置模式，配置管理 IP。

```
6700-1(config)#dcn              //输入 dcn 命令，在全局配置模式下，进入 DCN 配置模式
6700-1(config-dcn)# mng ip 198.2.1.151 255.255.255.255    //配置 MNG IP
6700-1(config-dcn)# mng ospf-area 0.0.0.0        //配置管理 mng 口的域
6700-1# show dcn all         //查询 dcn 配置信息
Global-enability        : enable
    -mode              : pppoe-auto
Topo-discovery-time    : 3(s)
```

```
Qx config: none

Mngip config:
ip                              ospf-area
-----------------------------------------------------------
198.2.1.151/32                  0.0.0.0
ipv6                            ospfv3-area
-----------------------------------------------------------
::267:ff:fe24:10/128            2.0.0.0
```

④ 进入 DCN 配置模式，配置 Qx 口 IP。

```
6700-1(config)#dcn  //进入 DCN 配置模式
6700-1(config-dcn)#interface qx1
6700-1(config-dcn-if-qx1)#ip forwarding vrf dcn
6700-1(config-dcn-if-qx1)#ip address 198.8.8.18 255.255.255.0
6700-1(config-dcn-if-qx1)#ospf area 0.0.0.0
6700-1(config-dcn-if-qx1)#mac address 0067.0024.0010
6700-1#show dcn all
Global-enability       : enable
      -mode            : pppoe-auto
Topo-discovery-time    : 3(s)

Qx config:
Qx Mac: 0067.0024.0010
ip                ospf-area         proc(flood)
198.8.8.18        0.0.0.0[D]        -(----)

Mngip config:
ip                              ospf-area
-----------------------------------------------------------
198.2.1.151/32                  0.0.0.0
ipv6                            ospfv3-area
-----------------------------------------------------------
::267:ff:fe24:10/128            2.0.0.0
```

⑤ 配置接入网元和网管服务器之间的路由。

在接入网元设备上，配置以下静态路由，并执行 redistribute static 命令进行 DCN 静态路由重分发。

```
6700-1(config-dcn)#static route dest-ipaddr 10.8.8.0 dest-mask 255.255.255.0 nexthop-ipaddr 198.8.8.5
```

//接入网元上添加到网管服务器的静态路由
6700-1(config-dcn)♯redistribute static   //DCN 静态路由重分发

在网管服务器上，执行 route add 命令，添加服务器指向接入网元的管理 IP 的静态路由。

198.8.8.18 是接入网元 Qx 口直连网管服务器的 IP，198.2.1.0 是接入网元的管理 IP 网段。客户端需要关闭防火墙。

route add 198.2.1.0 mask 255.255.255.0 198.8.8.18 -p

4.1.3.4　接入网元上线

网管提供了图形化的界面，便于设备的管理和智能化运维。在 ZENIC ONE R22 或者 U31 R22 网管系统上，通过配置接入网元的设备类型、网元名称、IP 地址、硬件版本和接口版本、设备层次等基本信息，创建接入网元，实现通过网管管理设备。以 ZENIC ONE R22 网管系统为例，操作步骤如下。

① 在 ZENIC ONE R22 主页面，选择拓扑→多维拓扑，在打开的多维拓扑视图的空白处右击，选择快捷菜单创建网元。在左侧的设备类型树中选择菜单分组传送产品→CTN→ZXCTN 6700-32（或其他设备）。输入网元的网元名称、IP 地址和子网掩码，如图 4-10 所示。单击"创建"按钮，完成接入网元的创建。

图 4-10　接入网元创建

② 在多维拓扑视图中，右击目标网元 6700-1，选择快捷菜单网元编辑→网元属性，打开网元属性窗口。在基本属性页面配置目标网元的业务环回地址，需注意 SPN 场景下与管理 IP（MNG IP）不同。

③ 通过将网元配置数据上载到 ZENIC ONE R22 网管数据库中，保证网元设备单板上的配置数据与网管数据库中的配置数据一致，如图 4-11 所示。

图 4-11　上载入库

任务 4.2　系统联调

4.2.1　任务分析

完成了接入网元的配置后，可通过网管的 DCN 便捷开通功能，实现接入网元与非接入网元之间的 DCN 管理通道互通。本任务采用 DCN P2P 方式在网管上配置开通 6700-1 和 6700-2 之间的管理通道，适用于全网使用 DCN 管理的网络场景。

DCN 组网拓扑规划如图 4-12 所示，网管服务器通过接入网元 6700-1 对非接入网元 6700-2 进行控制管理。

图 4-12　DCN 组网拓扑规划

数据规划如表 4-3 所示，非接入网元无需进行 Qx 接口的配置。

表 4-3　DCN 组网数据规划

网元名称	数据规划
6700-1(接入网元)	DCN 端口：xgei-1/3/0/2 管理 IP(MNG IP)：198.2.1.151/32 Qx 口 IP：198.8.8.18 业务环回地址：SPN 场景下与 MNG IP 配置不同
6700-2(非接入网元)	DCN 端口：xgei-1/3/0/2 管理 IP(MNG IP)：198.2.1.152/32 业务环回地址：SPN 场景下与 MNG IP 配置不同
网管服务器	IP 地址：10.8.8.1 与接入网元 Qx 口互联地址：198.8.8.5
网管客户端	IP 地址：10.8.8.2

4.2.2　知识准备

4.2.2.1　DCN 组网

由于 5G 承载网 SPN 设备与无线基站一起分散在不同的地理位置，在工程开局时，存在如何将分散各地的网元与网管机房的网络进行通信的问题。使用光纤进行直连是不现实的，设备之间可能隔几十千米甚至几百千米，所以必须借用已经施工布纤的现有业务端口来连接组网。将这些分散的网元设备管理起来，这就需要用到 DCN 网络。

数据通信网（Data Communications Network，DCN）是指网络管理系统（Network Management System，NMS）和网元（Network Element，NE）之间传送管理和维护信息的网络，用于支持设备管理平面的管理通信、控制平面的信令通信，以及其他通信（如软件下载等）。采用 DCN 组网方式时，对于接入网元和非接入网元采用不同的配置方法。

对网管直连的网元（即接入网元），通过进行现场初始化配置实现管理。对非网管直连的网元（即非接入网元），通过接入网元的拓扑自动发现，按照层次优先算法，最终完成所有网元的上线管理，如图 4-13 所示。通过 DCN 组网功能，无需对所有网元进行现场初始化配置，可提高网元开通的效率，使得网管快速感知全网拓扑和链路通信状态。

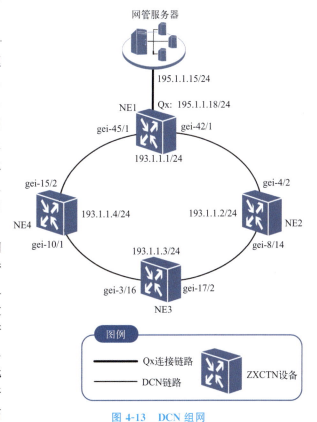

图 4-13　DCN 组网

4.2.2.2 DCN 管理方式

DCN 管理方式主要有 DCN ETH 方式和 DCN P2P 方式。

① DCN ETH：当 ZXCTN 6700 与 ZXCTN 6000、ZXCTN 9000 等 ROS 平台设备对接时，互联接口需要采用 DCN ETH 管理方式（指定接口 IP 地址及封装 VLAN），采用以太网封装方式。

② DCN P2P：当网络中网元设备均支持 DCN 功能时，采用 DCN P2P 管理方式。DCN P2P 方式方便快捷，所有互联网元之间无需配置 IP 地址，只需要通过接入网元逐跳为邻接网元配置 MNG IP 和 OSPF 区域，下游网元即可被管理上，并采用 PPPoE 封装方式。

4.2.3 任务实施

在进行非接入网元的配置前，需完成以下工作。
① 接入网元通过 Qx 口与网管服务器连接。
② 网管服务器已经能够管理接入网元。
③ 已建立接入网元和非接入网元之间的光纤连接。
下面通过 DCN P2P 方式配置非接入网元，具体步骤如下。
（1）使用网管自动发现功能新建非接入网元
① 在主菜单中，选择菜单自动发现→DCN 网元发现，打开"DCN 网元发现"对话框，如图 4-14 所示。

图 4-14 "DCN 网元发现"对话框

② 在左侧搜索策略区域框中，选中迭代搜索。在搜索范围区域框中，选择指定网元搜索，并单击"获取资源"按钮，弹出"选择资源"对话框，选择接入网元，单击"确定"按钮，如图 4-15 所示。

③ 单击中间的"立即执行"按钮，网管会自动发现网元，执行完毕之后，网元也会同

图 4-15 "选择资源"对话框

步创建,无需人为操作,如图 4-16 所示。

同步创建的网元按照一定的规则计算出自己的管理 IP,并上报给网管。网管会确保自动生成的管理 IP 地址的唯一性。

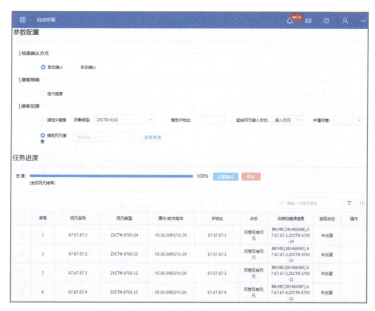

图 4-16 网元自动发现结果

(2)修改非接入网元 6700-2 的管理 IP 地址

使用网管自动发现功能创建网元后,设备会根据相应算法自动计算出各自的管理 IP。如果需要采用现场规划的管理 IP,可执行此步骤进行修改。

① 在多维拓扑视图中,右击目标网元,选择快捷菜单网元管理,打开网元管理窗口。

② 在左侧网元操作导航树中,依次展开系统配置→DCN 本端高级配置,打开"DCN 本端高级配置"窗口。

③ 在右侧菜单管理 IP 属性页面,输入已规划的 IP 地址和子网掩码,如图 4-17 所示。

④ 单击 按钮,使设置生效。

网管会提示"操作失败",错误描述为"发送命令失败,设备断链"。这种情况属于正常

图 4-17 管理 IP 属性

现象，由于修改了设备的管理 IP，而没有及时修改网管对应的管理 IP，系统会显示发送命令失败。实际上修改 6700-2 的管理 IP 的命令已经正常下发。

（3）修改网管对应的管理 IP 和业务环回地址

① 在多维拓扑视图中，右击目标网元，选择菜单网元编辑→网元属性，打开网元"基本属性"对话框，如图 4-18 所示。

② 设置网元的 IP 地址、子网掩码和业务环回地址，单击"保存"按钮。

图 4-18 网元"基本属性"对话框

任务 4.3 基础数据配置

4.3.1 任务分析

在工程开局中,完成系统联调后,要进行设备业务的开通首先就是要进行设备基础配置,包括环回接口配置、三层接口配置、ARP 配置等。通过本任务的学习,我们可以全面掌握设备的基础数据配置方法。

4.3.2 知识准备

在基础数据配置中有 3 种不同类型的接口,它们用于不同的场景。

① 环回接口:为业务创建提供源或目的 IP 地址,为 OSPF 路由提供一个已知并稳定的 ID,作为数据的中间输出接口。

② 三层接口:ZXCTN 6700 与路由器互联,或者 ZXCTN 6700 之间互联,需要配置三层接口。

③ 子接口:ZXCTN 6700 与其他类型的 ZXCTN 设备互联,需要配置三层接口的子接口,在子接口下配置外层 VLAN、DOT1Q 封装类型、IP 地址和子网掩码。

4.3.3 任务实施

(1) 配置环回接口

① 在拓扑图中,右击选择网元,选择快捷菜单网元管理,打开网元管理窗口。在网元操作导航树中,选择接口配置→环回接口配置,弹出环回接口配置页面,如图 4-19 所示。

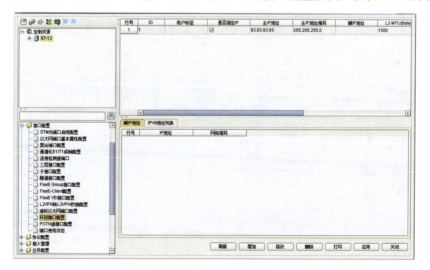

图 4-19 环回接口配置

② 单击"增加"按钮，打开增加对话框。在基本信息区域框中，设置接口的基本参数值，单击"确认"，完成环回接口配置，如图 4-20 所示。

图 4-20　环回接口基本信息

（2）配置三层接口

① 在拓扑图中，右击选择网元，选择快捷菜单网元管理，打开网元管理窗口。

② 在网元操作导航树中，选择"基础配置"，双击"基础数据配置"菜单项，在弹出的基础数据配置对话框中，单击上方"三层接口配置"菜单项，如图 4-21 所示。

图 4-21　三层接口配置

③ 单击下方"增加"按钮,弹出增加接口配置窗口,为绑定端口选择对应端口,勾选指定 IP 地址,填入 IP 地址和掩码,单击"确定",完成接口 IP 配置,如图 4-22 所示。

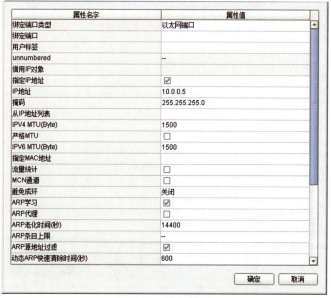

图 4-22　增加接口

(3) 配置子接口

① 在拓扑图中,右击选择网元,选择快捷菜单网元管理,打开网元管理窗口。

② 在网元操作导航树中,选择"基础配置",双击"基础数据配置"菜单项,在弹出的基础数据配置对话框中,单击上方"子接口配置"菜单项,如图 4-23 所示。

图 4-23　子接口配置

③ 单击下方"增加"按钮,弹出增加子接口配置窗口,需要配置绑定端口、子接口 ID、封装类型、外层 VLAN,勾选指定 IP 地址,填入 IP 地址和掩码,单击"确定",完成子接口配置。

封装类型有 DOT1Q 和 QINQ,选择 DOT1Q 封装一层 VLAN,只填写外层 VLAN。如果选择 QINQ，需要填入外层 VLAN 和内层 VLAN，如图 4-24 所示。

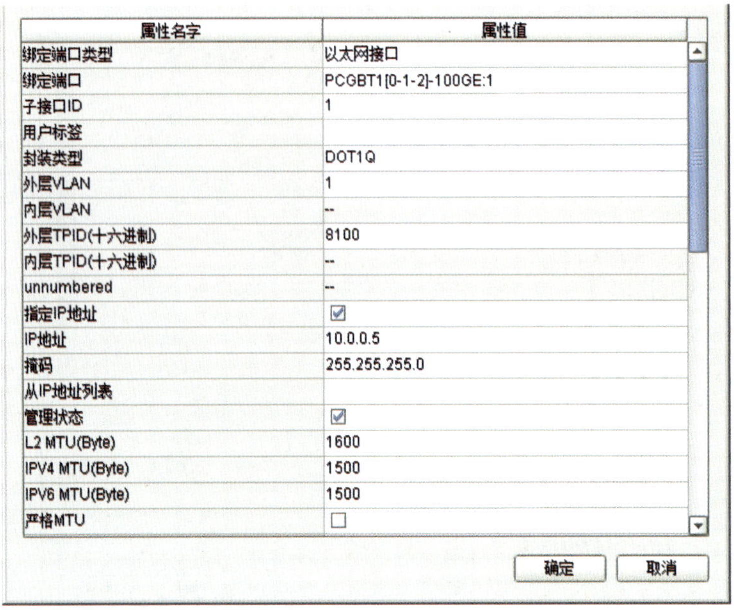

属性名字	属性值
绑定端口类型	以太网接口
绑定端口	PCGBT1[0-1-2]-100GE:1
子接口ID	1
用户标签	
封装类型	DOT1Q
外层VLAN	1
内层VLAN	--
外层TPID(十六进制)	8100
内层TPID(十六进制)	--
unnumbered	--
指定IP地址	☑
IP地址	10.0.0.5
掩码	255.255.255.0
从IP地址列表	
管理状态	☑
L2 MTU(Byte)	1600
IPV4 MTU(Byte)	1500
IPV6 MTU(Byte)	1500
严格MTU	☐

图 4-24　增加子接口

（4）配置 ARP 条目

① 在拓扑图中，右击选择网元，选择快捷菜单网元管理，弹出网元管理窗口。在左侧的导航树中，选择“网元操作→基础配置→基础数据配置”，打开基础数据配置窗口。

② 单击上方 ARP 配置。在 ARP 条目配置页面中，从下拉列表框中选择待配置 ARP 的接口。单击“增加”按钮，弹出增加 ARP 条目对话框，如图 4-25 所示。

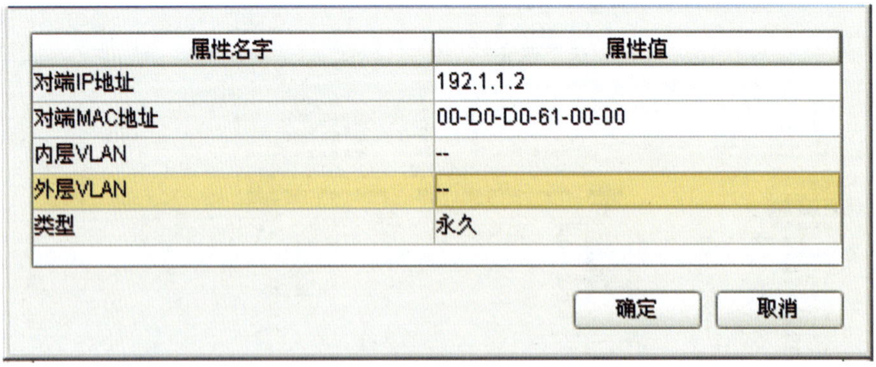

属性名字	属性值
对端IP地址	192.1.1.2
对端MAC地址	00-D0-D0-61-00-00
内层VLAN	--
外层VLAN	--
类型	永久

图 4-25　增加 ARP 条目

③ 配置 ARP 条目参数，对端 MAC 地址的值必须与对端网元的系统 MAC 地址相匹配。单击“确定”按钮，返回 ARP 条目配置页面。

④ 单击“应用”按钮，在弹出的提示对话框中单击“确定”按钮，完成 ARP 条目配置。

以上介绍了手动配置 ARP 条目的操作步骤，也可通过以下方式自动配置 ARP 条目：在 ARP 条目配置页面，单击“自动”按钮，系统根据拓扑连接、接口配置、网元机架 MAC 相应参数自动计算出 ARP 数据。

任务 4.4　FlexE 特性配置

4.4.1　任务分析

本任务利用 5G 承载网络设备搭建一个小型的 5G 承载网络环境，配置 5G 承载网络 FlexE 链路，实现对 5G 承载网络硬件级别的切片处理。

FlexE 网络拓扑如图 4-26 所示，在 NE1 和 NE7 之间创建一条 FlexE 通道，带宽为 50Gbps，需配置 FlexE 时隙个数为 10 个，中间节点 NE3、NE5 配置对应的物理层交叉直通。

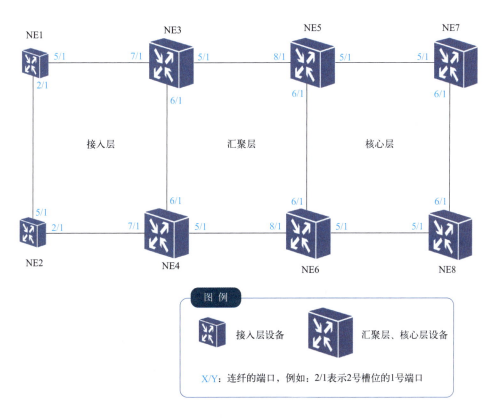

图 4-26　FlexE 网络拓扑

FlexE Channel 参数规划如表 4-4 所示，带宽为 50Gbps。

表 4-4　FlexE Channel 参数规划

用户标签	A 端点	Z 端点	带宽（$n \times 5G$）	路由约束
FlexE-NE1-NE7	NE1	NE7	10	NE1-BBD[0-1-255]-FlexE Group:1

FlexE 以太通道参数规划如表 4-5 所示。

表 4-5　FlexE 以太通道参数规划

用户标签	FlexE Channel	源 IP	目的 IP	VLAN
FlexE-NE1-NE7	FlexE-NE1-NE7	10.155.0.1/30	10.155.0.2/30	305

4.4.2　知识准备

4.4.2.1　FlexE 配置流程

FlexE 的配置流程主要包括 4 步，如图 4-27 所示。

（1）配置端口为 FlexE 模式

对于支持以太和 FlexE 两种工作模式的端口，如果配置基于 FlexE 模式的 SR-TP（基于传送网络扩展的分段路由）隧道，需要先将端口的工作模式配置为 FlexE 模式。

（2）配置 FlexE Group 接口

源端和宿端的 FlexE Group 接口的 Group number 和 PHY number 要一致，且 Group number 对应的端口是创建链路时的端口。PE 节点和 P 节点均需配置 FlexE Group 接口。

（3）配置 FlexE Channel

FlexE Channel 是网络中的一条源、宿节点之间的传输路径，用于在网络中提供端到端的以太切片连接，具有低时延、透明传输、硬隔离等特征。

（4）配置 FlexE 以太通道

通过指定源和目的 VEI 子接口的 IP 地址定义一条 FlexE 以太通道，网管自动为此通道分配两个方向（A 到 Z，Z 到 A）的 Adj 标签。

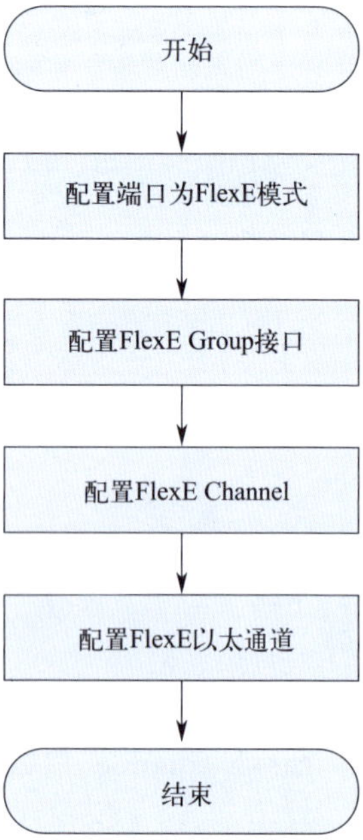

4.4.2.2　FlexE 业务调整机制

FlexE 协议中定义了 Client calendar A、Client calendar B、CR（Calendar Request，时隙分配请求）、CA（Calendar Acknowledge，时隙分配应答）、C（Calendar）信息，用于增加和删除业务时隙时，记录、传递业务配置信息。

FlexE 的 client 由若干个时隙组成，记录 client 和时隙的对应关系的表为 Client calendar。Client calendar 分为 Client calendar A 和 Client calendar B 两张表。Client calendar A 表用于记录当前 client 和时隙的对应关系。Client calendar B 表用于业务更改配置时，记录修改后的 client 和时隙的对应关系。当业务配置修改完毕后，用 B 表替换 A 表，作为当前 client 和时隙的对应关系，从而达到修改业务时隙，且降低业务中断时间的目的。

C 有 3 比特，用多数判断原则判断 C 比特代表 "0" 还是代表 "1"，以此来判定 Client calendar 类型。当 C 比特代表 "0" 时，表示 Client calendar A 的配置信息处于工作状态，Client calendar B 的配置信息是备用状态。当 C 比特代表 "1" 时，表示 Client calendar B 的配置信息处于工作状态，Client calendar A 的配置信息是备用状态。

CR 和 CA 信息用于两设备间进行配置信息调整时的握手协商指示，CR 表示调整申请，CA 表示允许调整应答。

图 4-27　FlexE 配置流程

4.4.3 任务实施

（1）配置端口为 FlexE 模式

① 如图 4-28 所示，在多维拓扑窗口中，点选网元 NE7，单击网元右上方的箭头，在下拉菜单中选择"网元管理"，打开网元管理窗口。

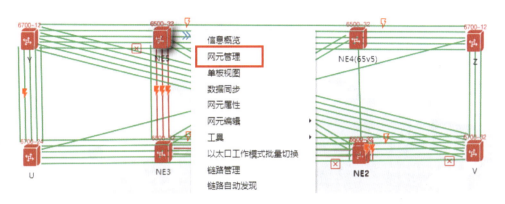

图 4-28 选择网元管理

② 在网元管理窗口左侧导航树中，选择"基础配置→基础数据配置"，打开基础数据配置窗口。

③ 在以太网端口基本属性配置界面，单击选择单板的下拉菜单，选中 PDCAT1 单板。

④ 选中相应端口，如图 4-29 所示，在工作模式的下拉菜单中，选择 FlexE 模式，单击"应用"按钮，完成设置。

行号	端口	用户备注信息	使用	速率选择	工作模式	交叉连接	基础数据是否免配置
1	100GE:1		启用	100G全双工	FlexE模式	--	否
2	100GE:2		启用	100G全双工	以太模式	--	否
					FlexE模式		
					以太模式		

图 4-29 配置端口为 FlexE 模式

重复以上步骤，将 NE1、NE3 和 NE5 网元的直连链路端口均设置为 FlexE 模式。

（2）配置 FlexE Group 接口

① 在多维拓扑窗口中，点选网元 NE7，单击网元右上方的箭头，在下拉菜单中选择网元管理，打开网元管理窗口。

② 在左侧导航树中，选择接口配置→FlexE Group 接口配置，打开窗口。

③ 单击"增加"按钮，列表中新增一个 FlexE Group 接口。

④ 如图 4-30 所示，设置 NE7 的 FlexE Group 接口参数，并配置成员端口和时隙管理参数值。发方向 Calendar 和收方向 Calendar 默认设置为 A，协商模式选择协议-标准。

重复以上步骤，为 NE1、NE3 和 NE5 配置 FlexE Group 接口。

行号	接口ID	描述信息	启用状态	Group Number	收调度模式	告警下插模式	发方向Calendar	协商模式	收方向Calendar
1	1		启用	1	自动	扩展	A	协议-标...	A
2	2		启用	2	自动	扩展	A	协议-标...	A
+3	3		启用	1	自动	扩展		协议-标...	

图 4-30　配置 FlexE Group 接口

（3）配置 FlexE Channel

① 在 UME（统一管理专家）主页面，单击业务区域中的业务配置图标，打开业务配置窗口。

② 在"业务配置"窗口左侧导航树中，选择 FlexE Channel，打开 FlexE Channel 窗口。单击"新建"按钮，在下拉列表框中选择 FlexE Channel，打开新建 FlexE Channel 窗口，如图 4-31 所示。

图 4-31　新建 FlexE Channel

③ 如图 4-32 所示，参见 FlexE Channel 参数规划（表 4-4），配置 NE1 与 NE7 之间的 FlexE Channel 参数，并设置带宽值。

（4）配置 FlexE 以太通道

① 在 UME 主页面，单击业务区域中的业务配置图标，打开业务配置窗口。

② 在业务配置窗口左侧导航树中，选择 FlexE 以太通道，打开 FlexE 以太通道窗口。

③ 如图 4-33 所示，参见 FlexE 以太通道参数规划（表 4-5），设置用户标签、源 IP、目的 IP 和 VLAN，并选择上一步配置的 FlexE Channel，单击"应用"按钮，UME 会建立一条 FlexE 以太通道，并根据源 IP 和目的 IP 自动生成 A2Z 和 Z2A 的邻接标签值。

中间节点 NE3 和 NE5 不再需要配置 FlexE Channel 和 FlexE 以太通道，通过在 NE1 和 NE7 之间端到端的配置，UME 会在中间节点处自动生成 Client 交叉配置。

图 4-32　配置 FlexE Channel 的基本属性　　　图 4-33　配置 FlexE 以太通道相关参数

任务 4.5　IS-IS 特性配置

4.5.1　任务分析

IS-IS 特性配置

IS-IS（中间系统到中间系统）是 SR（分段路由）的控制平面协议，部署 SR 隧道必须先启用 IS-IS 协议。而对于 SR over FlexE 的应用场景，则需要在 VEI 上启用 IS-IS 协议。

IS-IS 网络拓扑如图 4-34 所示。

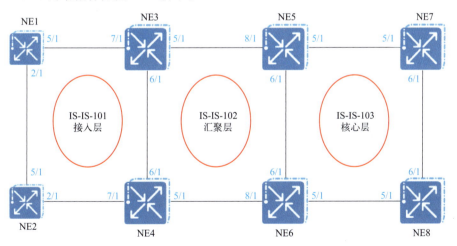

图 4-34　IS-IS 网络拓扑

IS-IS 参数规划如表 4-6 所示。

表 4-6 IS-IS 参数规划

网元	启用 IS-IS	系统 ID	区域	协议作用层次	SR 泛洪	进程标识
NE1	√	2202.2022.0221	00.0101	level-2	√	101
NE2	√	2202.2022.0222	00.0101	level-2	√	101
NE3	√	2202.2022.0223	00.0101	level-2	√	101
		2202.2022.0224	00.0102	level-2	√	102
NE4	√	2202.2022.0225	00.0101	level-2	√	101
		2202.2022.0226	00.0102	level-2	√	102
NE5	√	2202.2022.0227	00.0102	level-2	√	102
		2202.2022.0228	00.0103	level-2	√	103
NE6	√	2202.2022.0229	00.0102	level-2	√	102
		2202.2022.0230	00.0103	level-2	√	103
NE7	√	2202.2022.0231	00.0103	level-2	√	103
NE8	√	2202.2022.0232	00.0103	level-2	√	103

4.5.2 知识准备

4.5.2.1 IS-IS 配置流程

对于 SR over FlexE 的应用场景，在配置 IS-IS 前，需已完成环回接口和 FlexE VEI 接口的相关配置，包括以下内容：配置端口为 FlexE 模式，配置 FlexE Group 接口，配置 FlexE Channel，配置 FlexE 以太通道，配置环回接口。

SR over FlexE 场景下 IS-IS 的配置流程包含三步，如图 4-35 所示。

（1）配置全局启用 IS-IS

部署 SR 隧道的接口需要启用 IS-IS 协议。配置 IS-IS 协议时，需勾选启用 IS-IS、SR 泛洪和启用流量工程，并确保源端和宿端的区域一致，保证系统 ID 在区域中唯一。SR-TP 隧道根据源和目的地址，通过在 IS-IS 协议中添加的接口信息，自动形成隧道路由。

（2）配置环回接口启用 IS-IS

启动环回接口的 IS-IS，需在 IS-IS 接口创建中选取环回接口，并为此环回接口设置接口层次等参数。环回接口的 IP 地址应和 SR-TP 隧道的 Router ID 保持一致。

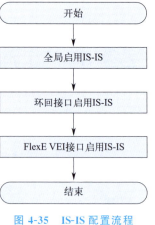

图 4-35 IS-IS 配置流程

（3）配置 FlexE VEI 接口启用 IS-IS

对于 SR over FlexE 场景，需要为绑定隧道的 FlexE VEI 接口（或子接口）启用 IS-IS。配置完成后，可通过邻居信息按钮，检查配置下发是否成功。

4.5.2.2 协议作用层次

通过此参数，配置网络中 IS-IS 路由协议的作用层次，包含以下 3 种类型。

(1) level-1

属于同一区域并参与 level-1 路由选择的路由器称为 level-1 路由器，level-1 路由器仅知道本区域内的拓扑。

(2) level-2

属于不同区域的路由器，通过实现 level-2 路由选择来交换路由信息，这些路由器称为 level-2 路由器或骨干路由器，level-2 路由器知道所有其他区域的路由信息。

(3) level-1-2

level-1-2 路由器是不同区域的边界路由器，实现区域连接。

4.5.3 任务实施

（1）为网元添加 IS-IS 实例

① 在网管主界面中，单击多维拓扑，打开多维拓扑页面。

② 在多维拓扑页面，右击网元 NE1，选择网元管理，打开网元管理页面。

③ 在功能导航树中，选择协议配置→IS-IS 协议配置，打开 IS-IS 协议配置页面。

④ 在 IS-IS 实例页面，单击 按钮，打开 IS-IS 实例创建窗口。

⑤ 为 NE1 添加 IS-IS 实例，如图 4-36 所示。

重复以上步骤，为 NE2～NE8 添加 IS-IS 实例。

在同一 IS-IS 域内，不同网元的区域必须填写一致，IS-IS 域才能连通，同时系统 ID 必须全网唯一。

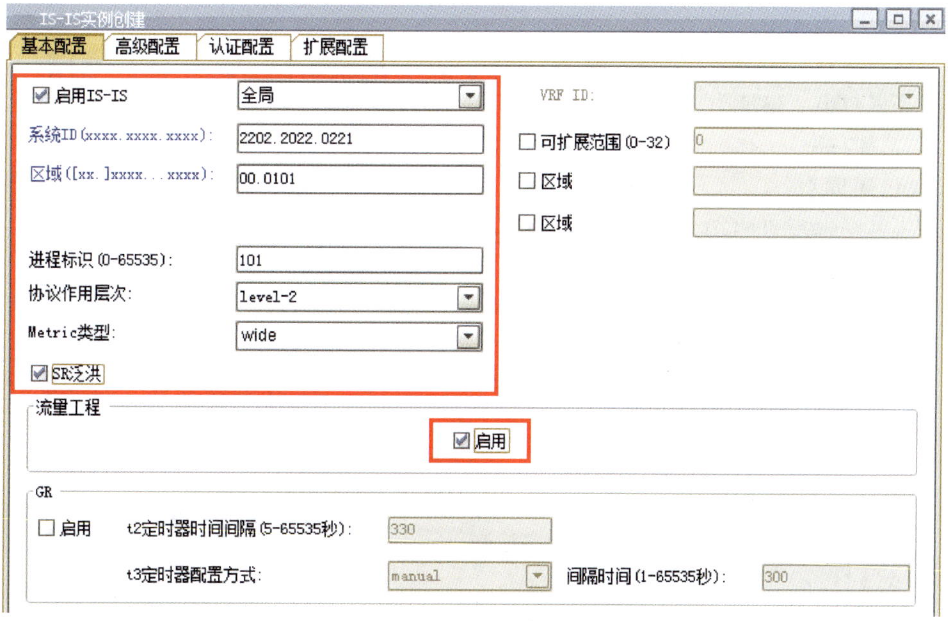

图 4-36　添加 IS-IS 实例

（2）为环回接口启用 IS-IS

① 在 IS-IS 接口页面，单击 按钮，打开 IS-IS 接口创建窗口。

② 为 NE1～NE8 的 IS-IS 实例添加环回接口，如图 4-37 所示。

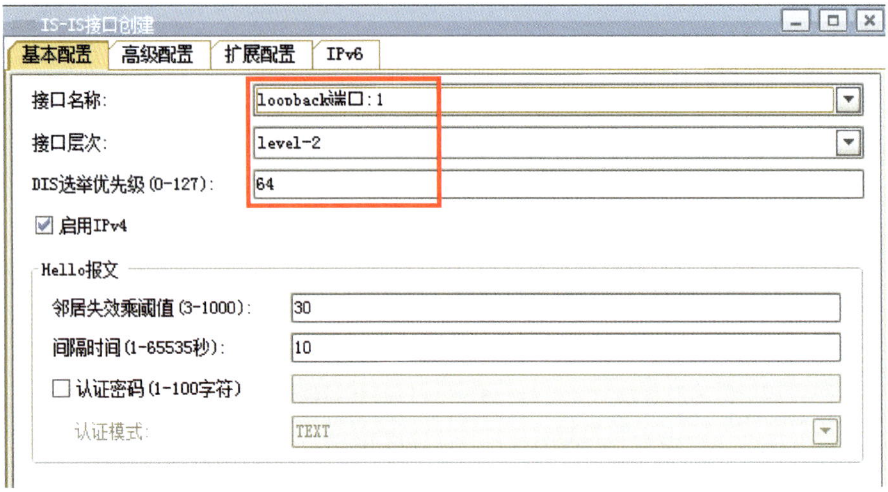

图 4-37 添加环回接口

邻居失效乘阈值设置为≥30，以避免因 Hello 报文邻居失效乘阈值过小导致操作时出现连通性异常。

（3）为 FlexE VEI 接口启用 IS-IS

① 为 FlexE VEI 接口启用 IS-IS，在 IS-IS 接口页面，单击 按钮，打开 IS-IS 接口创建窗口。

② 为 NE1～NE8 的 IS-IS 实例添加 FlexE VEI 接口，如图 4-38 所示。

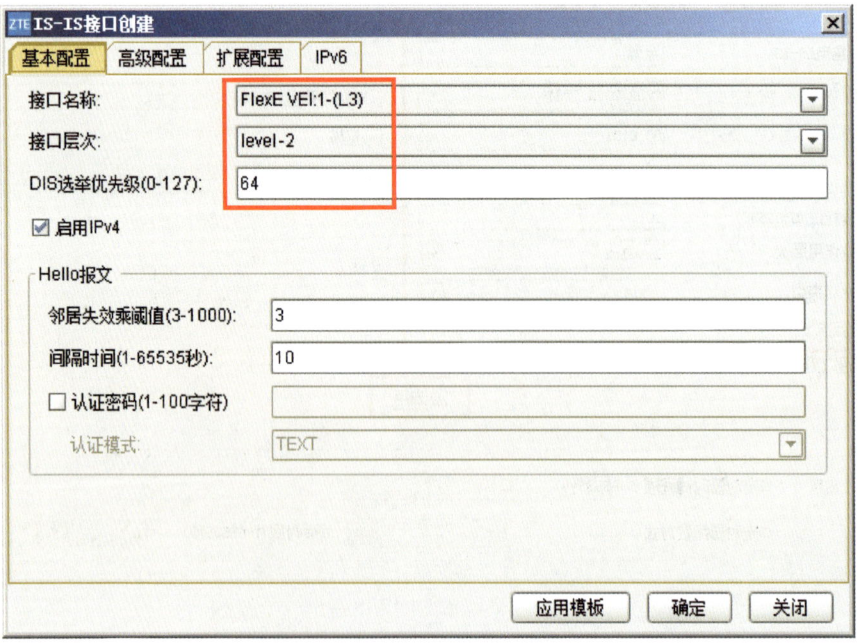

图 4-38 添加 FlexE VEI 接口

任务 4.6　SR 特性配置

4.6.1　任务分析

完成了 IS-IS 协议配置后，可进行 SR 隧道配置，为开通 L3VPN 业务做准备。SR 隧道配置分为 SR-BE 隧道配置和 SR-TP 隧道配置两部分。在 NE22 和 NE1 之间创建一条 SR-TP 隧道承载，在 NE21 和 NE23 之间创建一条 SR-BE 隧道承载。

SR 网络拓扑如图 4-39 所示。

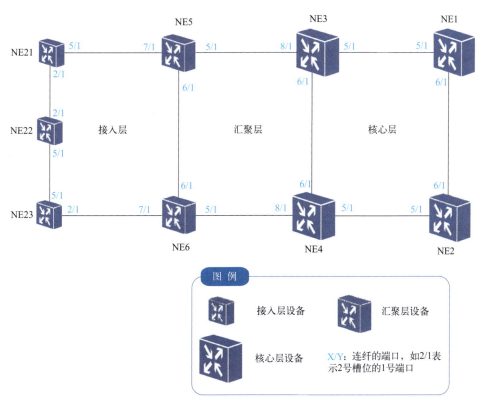

图 4-39　SR 网络拓扑

SR-TP 隧道参数规划如表 4-7 所示。

表 4-7　SR-TP 隧道参数规划

参数		取值
基本属性	用户标签	test
	A 端点	NE22
	Z 端点	NE1
	保护类型	带保护
	恢复类型	带恢复
	路由约束	严格约束

续表

参数		取值
其他属性	方向	双向
	激活	激活
约束选项 （SR 隧道）	A-Z（工作业务）	FlexE 以太通道约束 • 5G-NE21-NE22-ring1 • 5G-NE5-NE21-ring1 • 5G-NE3-NE5-ring0 • 5G-NE1-NE3-ring0
	A-Z（保护业务）	FlexE 以太通道约束 • 5G-NE22-NE23-ring1 • 5G-NE23-NE6-ring1 • 5G-NE4-NE6-ring0 • 5G-NE2-NE4-ring0 • 5G-NE1-NE2-ring0
路由计算	保护策略	完全保护
TNP 参数	保护类型	SR 隧道 1∶1 单发双收线性保护
	其他参数	默认值

SR-BE 隧道的 SR 本地前缀 SID 规划如表 4-8 所示。

表 4-8 SR 本地前缀 SID 规划

网元	IP 地址	掩码	索引	节点 SID
NE21	21.21.21.21	255.255.255.255	5376	是
NE22	22.22.22.22	255.255.255.255	5632	是
NE23	23.23.23.23	255.255.255.255	5888	是
NE5	5.5.5.5	255.255.255.255	1280	是
NE6	6.6.6.6	255.255.255.255	1536	是
NE3	3.3.3.3	255.255.255.255	768	是
NE4	4.4.4.4	255.255.255.255	1024	是
NE1	1.1.1.1	255.255.255.255	256	是
NE2	2.2.2.2	255.255.255.255	512	是

4.6.2 知识准备

4.6.2.1 SR-TP 隧道

由于 SR-TP 隧道是将两条单向同路由的 SR-TE 隧道绑定成的双向隧道，具备 OAM 功能，故实际配置中均使用 SR-TP 隧道，不使用 SR-TE 隧道。

4.6.2.2 SR-BE 隧道

SR-TP 隧道需配置端到端的通道，SR-BE 仅需配置好本地前缀 SID 及在 IS-IS 协议添加对应接口即可自动形成路由，不需配置端到端的通道。本地前缀 SID 配置参数说明如表 4-9 所示，其中 IP 地址为环回接口 IP，索引值应全网唯一。

表 4-9 本地前缀 SID 配置参数说明

参数	参数作用	值域	参数含义	约束关系
域 ID	默认为 0	—	—	—
IP 地址	设置为环回接口的 IP	—	—	—
索引	表示 Node SID 的值	—	—	需确保全网唯一
节点 SID	是否设置 Node SID	是、否	需设置为是	—

4.6.3 任务实施

4.6.3.1 创建 SR-TP 隧道

① 在 UME 主界面中，单击业务区域中的业务配置图标，打开业务配置窗口。在业务配置窗口左侧导航树中，选择隧道，打开隧道管理窗口。

② 单击"新建"按钮，在下拉列表框中选择 SR-TP（切片），打开新建 SR-TP 隧道窗口。

③ 如图 4-40 所示，在基本属性区域，按照 SR-TP 隧道参数规划（表 4-7），设置用户标签、A/Z 端点等参数。

图 4-40 配置 SR-TP 隧道基本属性参数

④ 如图 4-41 所示，在约束选项区域，单击类型下拉按钮，选择 FlexE 以太通道，在打开的 FlexE 以太通道列表中依次选择 SR 隧道的工作路径和保护路径必经的 FlexE 以太通道。

图 4-41　设置路由约束条件

⑤ 如图 4-42 所示，在路由计算区域，单击"计算"按钮，计算成功后，下方列表显示路由详细信息。

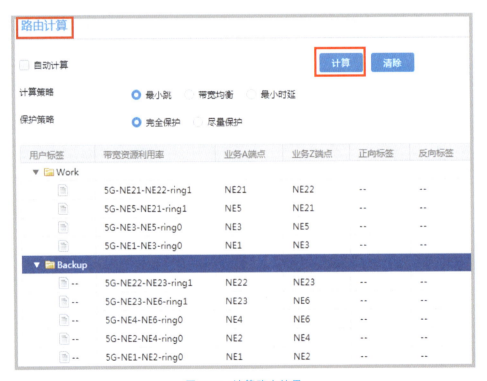

图 4-42　计算路由结果

⑥ 单击"应用"按钮，完成一条 SR-TP 隧道的创建。

4.6.3.2 创建 SR-BE 隧道

① 在网元管理窗口的左侧导航树中,选择业务配置→SR 本地前缀 SID 配置,打开 SR 本地前缀 SID 配置窗口。

② 单击"增加"按钮,打开 IPv4 分段路由前缀配置对话框。

③ 如图 4-43 所示,设置 IP 地址、索引等参数。

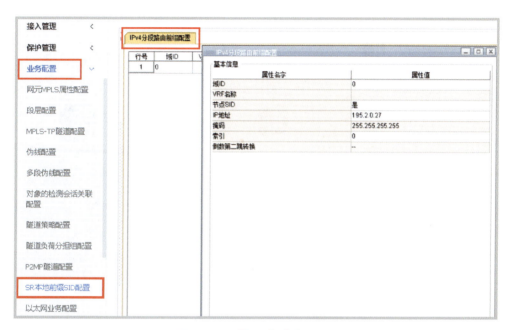

图 4-43 配置 SR 本地前缀 SID

④ 单击"确定"按钮,完成配置。

SR-BE 隧道在配置路由协议后,配置前述的 SR 本地前缀 SID 后就会通过路由协议自动计算路径而形成 SR-BE 隧道,不需要像 SR-TP 隧道那样逐跳指定路径。

任务 4.7　L2VPN 业务配置

4.7.1　任务分析

在工程开局和业务开通时,先配置路由协议和隧道,然后就可以进行 L2VPN 和 L3VPN 配置了。VPN 被称为虚拟专用网络,意思是在物理网络上配置不同的逻辑通道实现不同用户的业务通信。L2VPN 包括虚拟专线、专网配置,因为只使用 L2 层的隧道伪线技术,不采用 L3 层 IP 转发,本任务重点学习 VP-WS(Virtual Private Wire Service,以太网专线业务)的配置方法。

VPWS 业务网络拓扑如图 4-44 所示。

VPWS 业务基本参数规划如表 4-10 所示。

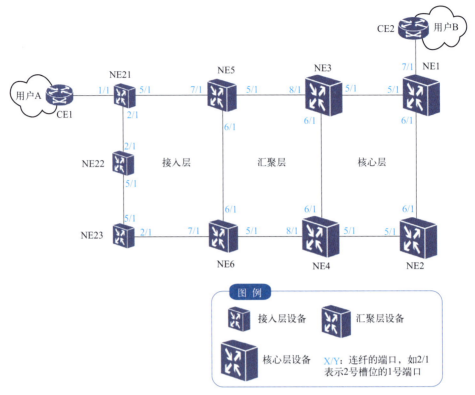

图 4-44　VPWS 业务网络拓扑

表 4-10　VPWS 业务基本参数规划

参数	值
业务类型	EVPL
应用场景	无保护
A 端点	NE21-OIXG2A[0-1-1]-10GE;1-SubPort;1(VLAN12)
Z 端点	NE1-PHCA4T1[0-1-7]-50GE;1-SubPort;1(VLAN12)
用户标签	L2VPN
连接允许控制(CAC)	不勾选
其他参数	默认值

4.7.2　知识准备

4.7.2.1　VPWS 工作原理

基于 Q-in-Q（802.1Q in 802.1Q）技术可以实现小规模的 L2VPN，内层 VLAN 标签（Customer VLAN Tag，CVLAN）标识用户网络的私网 VLAN，运营商为报文打上外层 VLAN 标签（Service VLAN Tag，SVLAN），穿越城域网，形成简单的 L2VPN。

如图 4-45 所示，VPN Site1 用户的报文进入城域网之后，在 PE1 上做 Q-in-Q 封装，打上 SVLAN ID 为 1000 的外层 VLAN 标签（SVLAN），再被传送到连接 Site 2 的 PE2 设备，剥离外层 VLAN 标签（SVLAN），实现了用户二层报文在城域网络的透传。

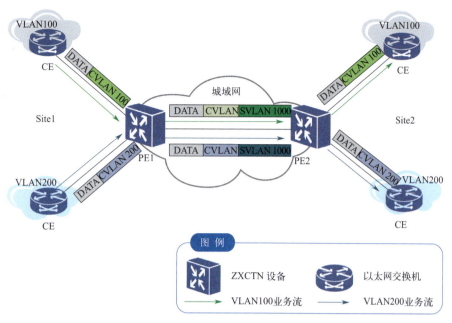

图 4-45 VPWS 工作原理

Q-in-Q 报文在网络中转发时,除了 Q-in-Q 报文的封装和 Q-in-Q 报文的终结外,中间转发设备按照报文的外层标签执行 VLAN 转发,也就是说,Q-in-Q 报文的内层标签对于中间转发设备是隐藏的。

4.7.2.2 VPWS 配置流程

(1) 配置 MPLS-TP 隧道

配置端到端的 MPLS-TP 隧道用于承载 L2VPN 业务。MPLS-TP 隧道采用手动方式配置隧道的标签,仅需配置头节点(Ingress NE)和尾节点(Egress NE),无需启用协议。可创建的隧道类型包括线型、全连通型和树型。

(2) 配置以太网专线业务

以太网专线业务类型包括 EPL(以太网专线)和 EVPL(以太网虚拟专线)。通过 UME 网管新建以太网专线业务时,需配置基本属性、用户侧接口、网络侧路由、高级属性、接口信息、节点参数、伪线和 OAM 等。

4.7.3 任务实施

(1) 创建 MPLS-TP 隧道

① 在 UME 主页面,单击业务区域中的业务配置图标,打开业务配置窗口。在业务配置左侧导航树中,选择隧道,打开隧道管理窗口。单击"新建"按钮,在下拉列表框中选择 MPLS-TP,打开新建 MPLS-TP 隧道窗口。如图 4-46 所示,配置用户标签、A/Z 端点等基本属性参数。

② 在路由设置区域,如图 4-47 所示,单击"约束"按钮,在下拉菜单中选择工作路径必经的网元,单击"计算"按钮,路由计算成功之后,在界面右侧会显示路由计算结果。

图 4-46　配置 MPLS-TP 隧道的基本属性　　图 4-47　配置 MPLS-TP 隧道的路由属性

③ 单击"应用"按钮，完成一条 MPLS-TP 隧道的创建。

（2）创建以太网专线业务

① 在 UME 页面中，单击业务区域的业务配置图标，打开业务配置窗口。在业务配置窗口左侧导航树中，选择以太网业务，打开以太网业务管理窗口。单击"新建"按钮，在下拉列表框中选择以太网专线业务，打开新建以太网专线业务窗口。如图 4-48 所示，配置以太网专线业务的基本属性和用户侧接口的参数。

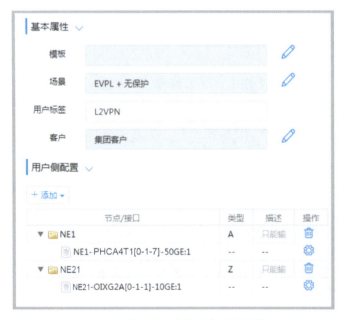

图 4-48　配置以太网专线业务用户侧接口

② 切换至用户侧配置页面，选择菜单添加→A 端点，弹出选择网元对话框。勾选待添加网元，单击"确定"按钮，弹出选择端口对话框。勾选待添加的端口，单击"确定"按钮，返回用户侧配置页面。

重复以上步骤，添加 Z 端点。

③ 切换至路由配置页面，在计算策略处下拉菜单中选择基于已有隧道，选择上一步骤中配置的 MPLS-TP 隧道，单击"计算"按钮，界面右侧网络侧配置中会显示出路由计算的具体结果。

④ 路由计算成功之后，单击"应用"按钮，完成以太网专线业务的配置。

任务 4.8　L3VPN 业务配置

4.8.1　任务分析

L3VPN 业务配置网络拓扑如图 4-49 所示，在 NE22 和 NE1 之间创建一条 L3VPN 业务（test），采用 SR-TP 隧道承载，在 NE21 和 NE23 之间创建一条 L3VPN 业务（test-1），采用 SR-BE 隧道承载，以完成 SR 隧道的配置。

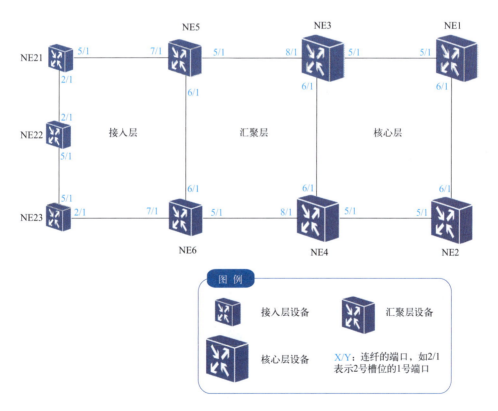

图 4-49　L3VPN 业务配置网络拓扑

基于 SR-TP 隧道的 L3VPN 业务参数规划如表 4-11 所示。

表 4-11 基于 SR-TP 隧道 L3VPN 业务参数规划

参数		取值
基本属性	用户标签	test
用户侧配置	节点/端口	NE22 NE22-OIXG2A[0-1-1]-10GE:1-SubPort:1(VLAN122)
		NE1 NE1-PHCA4T1[0-1-7]-50GE:1-SubPort:1(VLAN122)
网络侧配置	手工指定隧道	test
VRF 配置	添加网元	NE1、NE22

基于 SR-BE 隧道的 L3VPN 业务参数规划如表 4-12 所示。

表 4-12 基于 SR-BE 隧道 L3VPN 业务参数规划

参数		取值
基本属性	用户标签	test-1
用户侧配置	节点/端口	NE21 NE21-OIXG2A[0-1-1]-10GE:1-SubPort:1(VLAN123)
		NE23 NE23-OIXG2A[0-1-1]-10GE:1-SubPort:1(VLAN123)
网络侧配置	自动选择隧道	设备自动选择
VRF 配置	添加网元	NE21、NE23

4.8.2 知识准备

配置 L3VPN 业务可手工指定 SR-TP 隧道为绑定隧道。若 L3VPN 业务使用 SR-BE 隧道进行承载，则仅需添加网元，业务根据 IS-IS 协议可自动通过协议形成路由，无需特意选择隧道。

在进行 L3VPN 业务配置前需完成以下操作。

① 配置端口为 FlexE 模式；
② 配置 FlexE Group 接口；
③ 配置 FlexE Channel；
④ 配置 FlexE 以太通道；
⑤ 配置 IS-IS 协议；
⑥ 配置 SR 隧道。

4.8.3 任务实施

4.8.3.1 基于 SR-TP 隧道的 L3VPN 业务配置

① 在 UME 页面中，单击业务区域中的业务配置图标，打开业务配置窗口。在业务配置窗口左侧导航树中，选择 L3VPN，打开 L3VPN 业务管理窗口。

② 单击"新建"按钮，在下拉列表框中选择新建 L3VPN，打开新建 L3VPN 业务窗口。在基本属性区域，设置用户标签，选择场景。在用户侧配置区域，添加节点 NE22 和 NE1，并选择对应的用户侧接口。

③ 切换至路由配置页面，勾选自动计算复选框，系统自动计算路由。路由计算结果显示在拓扑图右上方的网络侧配置对话框中。单击网络侧配置下拉按钮，在打开的列表中，选择绑定类型为手工指定隧道，并选择指定隧道为已配置的 SR-TP 隧道，如图 4-50 所示。

图 4-50　配置网络侧参数

④ 切换至 VRF（虚拟路由和转发）配置页面，单击"添加"按钮，将 NE22、NE1 等网元添加至 VRF 中。

⑤ 单击"应用"按钮，完成 L3VPN 业务配置。

4.8.3.2　基于 SR-BE 隧道的 L3VPN 业务配置

① 在 UME 页面中，单击业务区域中的业务配置图标，打开业务配置窗口。在业务配置窗口左侧导航树中，选择 L3VPN，打开 L3VPN 业务管理窗口。

② 单击"新建"按钮，在下拉列表框中选择新建 L3VPN，打开新建 L3VPN 业务窗口。在基本属性区域，设置用户标签，选择场景。在用户侧配置区域，添加节点 NE21 和 NE23，并选择对应的用户侧接口。

③ 切换至路由配置页面，勾选自动计算复选框，系统自动计算路由。路由计算结果显示在拓扑图右上方的网络侧配置对话框中。如图 4-51 所示，单击网络侧配置下拉按钮，在打开的列表中，选择绑定策略为自动选择，绑定类型为设备自动选择。

图 4-51　配置网络侧绑定策略

④ 单击"计算"按钮，设备根据添加的接口自动完成 L3VPN 业务的路由计算。

⑤ 单击"应用"按钮，完成 L3VPN 业务配置。

项目测评

一、选择题

1. 接入网元 6700-1 通过（　　）口与网管服务器相连。
   (A) COM　　　　(B) LCT　　　　(C) LAMP　　　　(D) Qx

2. FlexE 使用（　　）完成 FlexE 客户和 PHY 端口之间的时隙分配。
   (A) Calendar 机制　(B) 64b/66b 机制　(C) 时分复用　　(D) 统计复用

3. 下列对于 FlexE 业务的建立过程，描述正确的是（　　）。
   (A) 修改端口为 FlexE 模式—建立 FlexE Group 接口—建立 FlexE Channel—建立 FlexE 以太通道
   (B) 修改端口为 FlexE 模式—建立 FlexE Group 接口—建立 FlexE 以太通道—建立 FlexE Channel
   (C) 建立 FlexE Group 接口—修改端口为 FlexE 模式—建立 FlexE Channel—建立 FlexE 以太通道
   (D) 建立 FlexE Group 接口—修改端口为 FlexE 模式—建立 FlexE 以太通道—建立 FlexE Channel

4. 在进行 VPN 业务配置时，用户侧配置中所选择的设备属于（　　）设备。
   (A) CE　　　　　(B) PE　　　　　(C) P　　　　　　(D) NE

5. 下面关于 L3VPN 的 RD、RT 和 VPN 转发之间的关系，说法错误的是（　　）。
   (A) RT 的 Import 标识的是对路由的喜好，是否接收该路由
   (B) RT 的 Export 标识的是发出的路由的属性，方便接收端进行识别
   (C) RD 是用于区分 VPN 的值，用来解决用户地址复用问题
   (D) RT 的 Import 和 Export 不可以相同

二、简答题

1. 简述承载设备清空配置的步骤。
2. 简述基础数据配置的内容。
3. 简述 IS-IS 的配置过程。
4. 简述 SR-TP、SR-BE 隧道在配置方法上的不同。
5. 简述 L2VPN、L3VPN 在配置方法上的不同。

项目 5

5G 承载网维护

 项目简介

网络维护对于保障网络稳定运行具有重要作用，本项目学习 5G 承载网的日常维护和故障处理，日常维护包括安全管理、告警管理、性能管理和部件更换操作，故障处理包括故障原因分析和故障诊断。

 **学习目标**

▶▶ 知识目标

① 了解日常维护内容；
② 掌握日常维护流程和方法；
③ 了解常见故障原因；
④ 掌握故障处理流程和定位方法。

▶▶ 能力目标

① 能够按照规范完成承载网日常维护；
② 能够完成承载网故障定位和排除。

▶▶ 素质目标

① 培养问题分析和解决能力；
② 培养爱岗敬业、团结协作精神。

任务 5.1 日常维护

5.1.1 任务分析

5G 承载网络维护的目的是主动发现网络隐患，避免等到 5G 无线侧告知异常，5G 承载侧才开始排查故障，避免告警量不断增大，导致对新增告警的忽略。

日常维护是指每天进行的、维护过程相对简单的，并可由一般维护人员实施的维护操作。日常维护具有以下目的。

① 及时发现设备所发出的告警或已存在的缺陷，并采取适当的措施予以恢复和处理，维持设备的健康水平，降低设备的故障率。

② 及时发现业务运行过程中各链路状态或连接状态的异常现象，并采取适当的措施予以恢复和处理，确保业务运行正常。

③ 实时掌握设备和网络的运行状况，了解设备或网络的运行趋势，提高维护人员对突发事件的处理效率。

本任务重点学习日常维护的安全管理、告警管理、性能管理和部件更换操作。

5.1.2 知识准备

5.1.2.1 告警管理

告警是反映网元、网络运行情况和定位故障的一个信息来源，为了保证网络正常运行，网络管理员或维护员应定期对告警进行监控和处理。

（1）实现原理

ZENIC ONE R22 告警管理的实现原理如图 5-1 所示，告警上报和呈现的过程如下。

a) 网管维护人员可以通过客户端的告警监控功能，对被管理网元产生的告警进行实时监控。

b) 当被管理网元发生故障时，会产生告警事件，并实时上报给网管服务器。

c) 网管服务器对网元上报的告警进行收集，并储存在自身的数据库中。

d) 网管服务器可以将当前的告警信息集中呈现在客户端上。

e) 维护人员可以在网管浏览器上查看当前告警和历史告警，并能完成各种告警的处理。

f) 通过网管服务器的北向接口，网元的告警信息可以提供给上级 NMS，供北向用户分析。

（2）相关概念

① 告警和通知。告警是对被管理网元以及网管系统本身在运行过程中发生的异常情况进行报告，提醒维护人员进行相应的告警处理。当异常或故障出现时，告警管理系统将及时准确地显示相应的告警信息。告警信息一般会持续一段时间，在问题或故障消失后，告警信息才会消失，并返回相应的告警恢复信息。

通知是对被管理网元以及网管系统在运行中的一些操作或异常信息进行提示，以便维护人员及时掌握各模块的运行状况。通知在网管或被管对象发生了某种变化时产生，不一定会引起业务的异常。

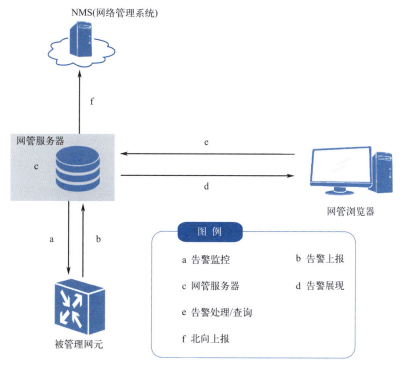

图 5-1 告警管理的实现原理

② 告警级别。告警根据对系统的影响程度分为 4 种级别：严重、主要、次要和警告，详细说明如表 5-1 所示。系统初始化时设置了每条告警的默认告警级别，维护人员也可以根据不同的业务需求和实际环境调整告警的级别。

表 5-1 告警级别说明

告警级别	级别说明
严重	表示正常业务受到严重影响,需要立即修复
主要	表示系统出现影响正常业务的迹象,需要紧急修复
次要	表示系统存在不影响正常业务的因素,但应采取纠正措施,以免出现更严重的故障
警告	表示系统存在潜在的或即将影响正常业务的问题,应采取措施诊断纠正,以免其转变成一个更加严重的、影响正常业务的故障

③ 告警状态。告警共有 4 种状态：未确认未清除、已确认未清除、未确认已清除、已确认已清除。告警状态转换关系如图 5-2 所示。

确认/反确认告警：确认告警，表示维护人员正在处理该告警。告警被确认后，由未确认状态变成已确认状态。反确认告警，表示将已确认状态的告警重新变成未确认状态的告警。

清除告警：当故障排除后，告警会由未清除状态变为已清除状态，该告警变为历史告警，被记录进告警数据库中。维护人员也可以通过手工清除的方式，将未清除的告警变为已清除状态。如果网元的故障依然存在，网元可能会再次上报该告警。

5.1.2.2 性能管理

（1）基本概念

性能管理的要点是性能统计任务和测量结果，通过性能管理为指定的

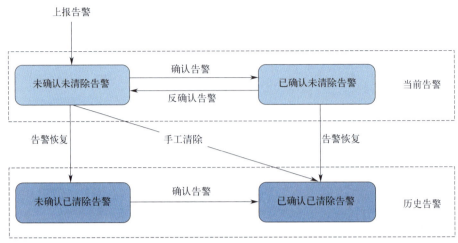

图 5-2　告警状态转换

测量对象创建测量任务，并得到测量结果。性能管理的要素包括测量对象类型、测量对象、测量类型、性能计数器、性能指标、采集粒度、查询粒度、性能测量任务、性能门限任务。

① 测量对象类型：测量对象类型是指具有相同属性的测量对象的类型，例如单板。

② 测量对象：测量对象是指具体被测量的物理实体和逻辑实体，如某个单板、某条业务。

③ 测量类型：测量类型可以实现对测量对象的某类指标的测量。一个测量对象类型下可以有多个不同的测量类型。例如单板测量对象类型下的测量类型有 CPU 利用率、探测点温度等。

④ 性能计数器：性能计数器指测量类型中所包含的具体测量指标，是性能测量的基本单元。每一种测量类型中包含若干个计数器。

⑤ 性能指标：性能指标是维护人员基于性能计数器通过四则运算而定制的一种复合型计数器，包括用户自定义和系统定义两类。

⑥ 采集粒度：采集粒度是指网管系统对性能数据进行采集的周期，系统支持的采集粒度有 15 分钟和 1 天。

⑦ 查询粒度：查询粒度是指查询测量任务数据的统计周期。维护人员可以设置的查询粒度为 15 分钟和 1 天。查询粒度必须大于或等于对应测量任务中设置的采集粒度。

⑧ 性能测量任务：性能测量任务定义了性能数据的收集、存储和传输方式，以及最终数据的展示结果和处理方法。一个性能测量任务规定了何时对何种测量类型的具体指标以何种周期采集性能数据。维护人员在网管客户端上创建性能测量任务，网管客户端根据任务设定的运行周期自动采集指定的性能参数，得出网络性能的统计结果，使维护人员及时了解网络的运行状态。

⑨ 性能门限任务：性能管理提供的性能 QoS 任务通常称为性能门限任务，QoS 是网络的一种安全机制，是用来解决网络延迟和阻塞等问题的一种技术。当网络过载或拥塞时，QoS 能确保重要业务不受延迟或丢弃，以便保证网络的高效运行。一个性能门限任务规定了何时对何种测量类型的具体指标进行门限计算。如果计算结果超过了预设的门限值，将产生性能门限告警，并上报到告警管理系统，提醒维护人员关注网络运行的异常情况。

（2）实现原理

性能管理总体流程如图 5-3 所示，性能管理涉及的系统主要是 EM 服务器、EM 客户端和 NF（Network Function，网络功能），EM 客户端采用 B/S 方式，使用浏览器即可登录到 EM 服务器。

EM 服务器：接收 EM 客户端操作请求，向 NF 下发性能测量任务，接收和存储 NF 上报的性能测量数据，并通过 EM 客户端进行展示。EM 服务器通过北向接口上报性能测量数据给 NMS。

EM 客户端：提供 Web 页面访问 EM 服务器，提供性能管理操作界面和结果展示。

NF：收集呼叫处理信息、信令信息及业务信息，并将这些信息汇总成性能测量任务的结果，上报给 EM 服务器。

工作流程如下。

a）维护人员通过 EM 客户端创建性能测量任务，EM 服务器将该任务下发到 NF。

b）NF 会按性能测量任务中指定的粒度和其他条件上报性能数据给 EM 服务器。

c）EM 服务器保存 NF 上报的性能数据。

d）维护人员通过 EM 客户端访问 EM 服务器并查询性能数据，NF 的性能数据按照用户的定制查询条件展现在客户端上。

e）如果维护人员设置了门限任务，对某个指标设置了门限，当 NF 上报性能数据时，EM 服务器会启动门限判断。如果达到门限，则会上报相应的告警，展现在 EM 客户端。

f）EM 服务器通过北向接口，将 NF 的性能数据提供给上级网管 NMS，供北向用户分析。

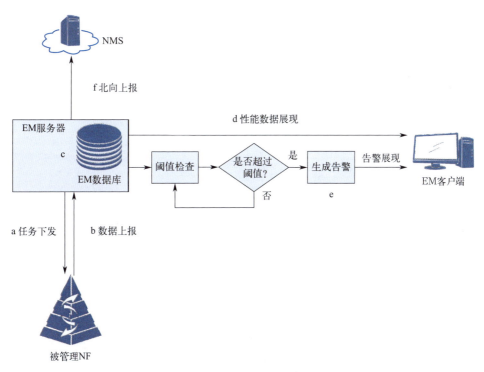

图 5-3　性能管理总体流程

（3）性能管理功能

① 管理性能指标。性能指标是基于测量对象的计数器统计，通过对一个或者多个测量对象的计数器进行加、减、乘、除运算得到用户需要的测量指标，可用于门限任务、监控和历史性能数据查询等，支持的数据类型有整型、长整型、浮点型、百分型，以及逻辑布尔型。

系统预先定义的性能指标为预定义性能指标，预定义性能指标不支持修改和删除操作。维护人员可根据实际情况，自定义新的性能指标，自定义性能指标支持修改和删除操作。

② 管理测量任务。网管服务器为了采集被管理设备的性能数据，需要在性能管理系统中创建性能测量任务，以便及时获取系统运行时的性能数据。测量任务管理提供了测量任务的创建、修改、删除、查询、任务同步，以及任务运行状态监控等功能。

③ 查询性能数据。查询性能数据是日常维护和性能监测的重要操作，维护人员可根据查询的性能数据对系统进行调整和优化。维护人员在网管客户端中设置查询条件，网管服务器查询性能数据，并呈现给维护人员，有以下 3 种性能数据查询方法。

自定义查询性能数据：维护人员通过自定义的条件查询被管理设备的性能数据。

按任务查询性能数据：维护人员通过性能测量任务查询与该任务相关的被管理设备的性能数据。

按模板查询性能数据：维护人员选择性能数据查询模板，按照模板中设定的条件查询被管理设备的性能数据。

④ 导出性能数据。性能管理功能支持性能查询结果的导出功能，包括手工导出性能数据和定时导出性能数据两种方式，导出格式支持 csv、xlsx、html、pdf 文件。

⑤ 补采性能数据。在异常情况下（如被管理设备与网管服务器通信中断），网管服务器出现性能数据不完整的情况时，网管系统的自动补采或者手动补采功能可以重新对性能数据进行采集，补采性能数据流程如图 5-4 所示。

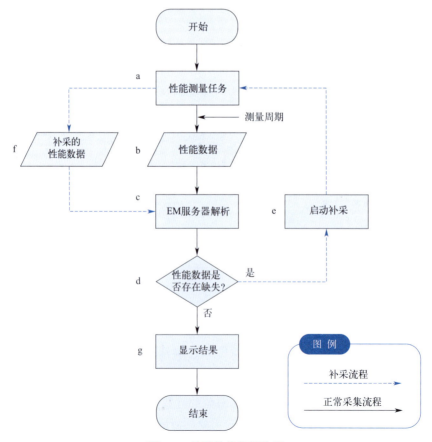

图 5-4　补采性能数据流程

工作流程如下。

a）网管服务器将性能测量任务下发到被管理设备。

b）当采集周期结束时，被管理设备将测量任务中指定的性能数据上报给网管服务器。

c）网管服务器对性能数据进行汇总、存储等操作。

d）网管服务器自动判断性能数据是否存在缺失。维护人员也可以通过查询数据的完整性操作，手工检查性能数据是否存在缺失。

e）对于缺失的性能数据，网管服务器自动向被管理设备发起补采请求。维护人员也可以通过补采性能数据操作，手工补采缺失的性能数据。

f）被管理设备再次上报网管服务器缺失的性能数据。

g）网管服务器按照用户的定制查询条件，将被管理设备的性能数据展现在网管客户端上。

⑥ 性能门限告警。为了方便维护人员监控网络运行状况，及时发现不合理的性能测量指标数据，网管系统提供性能门限告警功能。维护人员可以针对特定测量任务的具体测量指标设定门限。当该任务指标的测量结果高于或低于设定的门限时，性能管理系统自动向告警

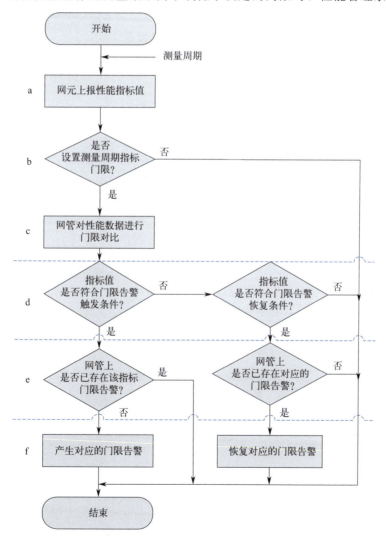

图 5-5　性能门限告警产生和恢复的流程

系统发送测量任务性能门限告警，以提醒维护人员及时关注该性能指标。维护人员可以根据性能门限告警信息分析测量值异常的原因并消除此类异常情况。网管系统的性能门限告警产生和恢复的流程如图 5-5 所示。

性能门限管理功能实现了对测量指标值的监控，如果维护人员设置了门限任务，对某个指标设置了门限，当被管理设备数据上报时，网管服务器会启动门限判断。如果指标值符合触发告警的门限范围，则会上报相应的告警，展现在网管客户端上。如果指标值符合恢复告警的门限范围，则会恢复已经产生的告警。性能门限告警产生和恢复的流程如下。

a）采集周期结束时，被管理设备将测量任务中指定的性能数据上报给网管服务器。

b）网管服务器检查是否设置了该测量周期指标门限。

c）如果设置了门限，网管服务器将被管理设备上报的性能数据与设定的门限进行比对。

d）网管服务器判断被管理设备的性能指标值是否符合告警触发条件/恢复条件。

e）如果被管理设备的性能指标值已经符合告警触发条件/恢复条件，网管服务器继续检查当前的系统中是否已经存在该指标的门限告警。

f）如果被管理设备性能指标值已经达到了告警触发条件，且当前系统中不存在该指标的门限告警，则产生对应的门限告警；如果被管理设备性能指标值已经达到了告警恢复条件，且当前系统中已存在该指标的门限告警，则产生一条该门限告警清除的消息。

5.1.2.3 部件更换

（1）更换场景

① 设备维护。部件更换是维护人员进行设备维护的常用手段。维护人员可以通过告警或其他设备维护信息确定硬件故障的范围。若单板或插箱部件因故障已经退出服务，可以直接进行更换操作。若待更换部件未退出服务，需先执行操作使部件退出服务后，再进行更换操作。

② 硬件升级。当部件增加新功能时，需要对硬件进行升级。此时需要对部件进行拔出、插入和恢复运行等操作。

③ 设备扩容。当对设备扩容时，可能需要对某些部件进行拔出、插入等操作。

（2）更换流程

维护人员在执行部件更换操作时，必须严格遵循操作流程，如图 5-6 所示。

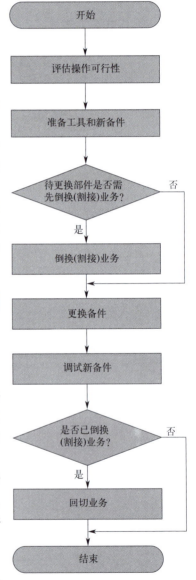

图 5-6 部件更换操作流程

① 评估操作可行性：进行更换操作之前，维护人员需先评估本次操作的可行性，包括维护人员的基本操作技能和操作风险。只有在风险可控的情况下，才能执行更换操作。

② 准备工具和新备件：可更换备件包括主控板、交换板、业务板、电源板、风扇单元、

光模块、光衰减器、转换架和线缆等。

③ 倒换或割接业务：为了避免业务中断，执行更换操作前，需先进行业务倒换或割接。例如，更换主控板时，维护人员应先检查当前业务在主用主控还是备用主控上，若业务在主用主控上，需先进行业务倒换，确保备用主控运行正常后才更换主用主控板。

④ 更换备件：为保证操作正确性，维护人员应严格遵守操作步骤。

⑤ 调试新备件：更换操作完成后，需对新部件的功能进行调试。仅当新部件的各项功能均正常时，更换操作才算成功。

⑥ 回切业务：更换成功后，将业务倒换回更换前的状态。

5.1.3 任务实施

5.1.3.1 安全管理

（1）网元用户管理

通过此操作可设置网元用户的名称、权限、登录参数，以及用户安全策略信息，也可查询当前登录用户、当前在线用户以及用户是否被锁定。操作步骤如下。

① 在 ZENIC ONE R22 网管主页面中，单击拓扑区域中的多维拓扑图标，打开多维拓扑窗口。

② 在多维拓扑窗口中，右击网元，选择快捷菜单网元管理，打开网元管理窗口。

③ 在网元管理窗口的左侧导航树中，选择网元安全管理→网元用户节点，打开网元用户窗口。

④ 网元用户管理包括新增网元用户、删除网元用户和修改用户属性。

⑤ 设置用户安全策略，如图 5-7 所示。

图 5-7　用户安全策略页面

⑥（可选）切换到网管登录网元用户管理页面，如图 5-8 所示，单击"刷新"按钮，查询登录网管用户是否为当前使用用户。（执行此操作时，要求网元为在线状态。）

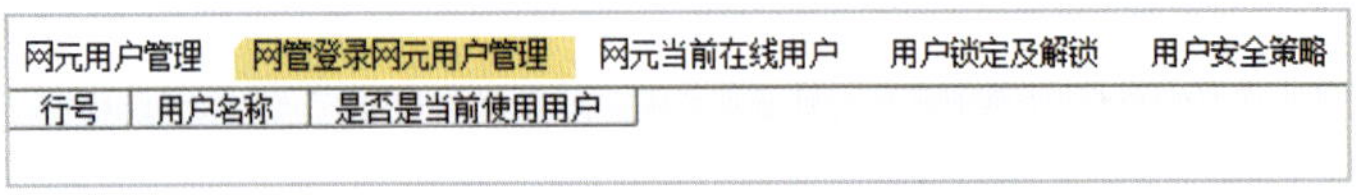

图 5-8　网管登录网元用户管理页面

⑦（可选）切换到网元当前在线用户页面，如图 5-9 所示，单击"刷新"按钮，查询当前在线用户名称、接入类型、终端号、Idle 时间、IP 地址、在线时间和登录时间。

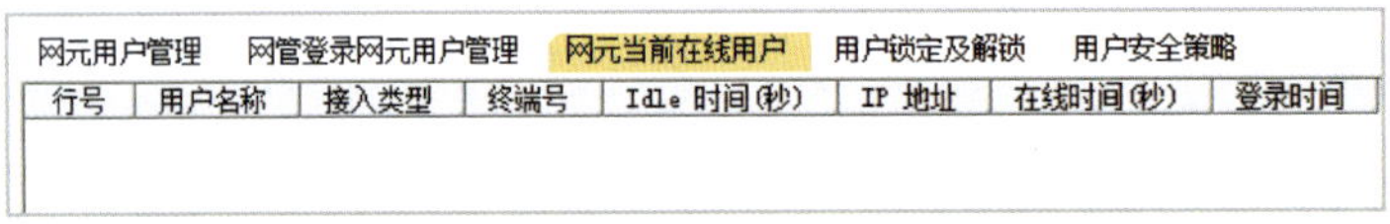

图 5-9　网元当前在线用户页面

⑧（可选）切换到用户锁定及解锁页面，如图 5-10 所示，单击"刷新"按钮，查询用户是否被锁定、锁定方式、认证失败次数和剩余锁定时间。（执行此操作时，要求网元为在线状态。）

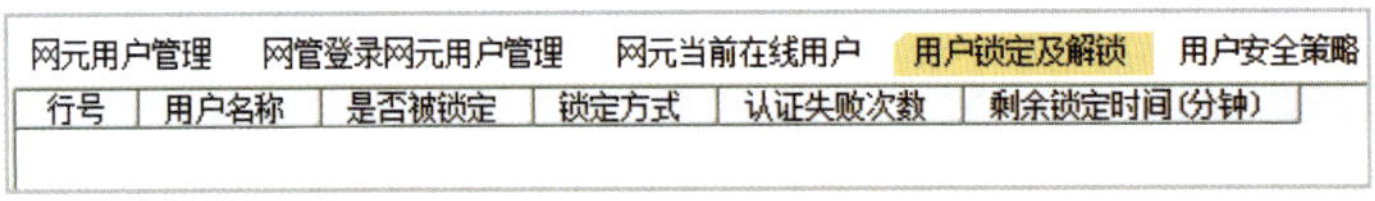

图 5-10　用户锁定及解锁页面

(2) 网元日志管理

通过此操作可查询特定时间段内的网元日志，包括网元的操作日志和登录日志。维护人员可将查询报表打印或保存到本地文件中，通过定期查询网元的操作日志和登录日志，评估网元安全性及处理故障情况。操作步骤如下。

① 在网管主页面中，单击拓扑区域中的多维拓扑图标，打开多维拓扑窗口。

② 在多维拓扑窗口中，右击网元，选择快捷菜单网元管理，打开网元管理窗口。

③ 在网元管理窗口的左侧导航树中，选择网元安全管理→网元日志查询节点，打开网元日志查询窗口。

④ 设置日志过滤条件，如图 5-11 所示。

⑤ 单击"查询"按钮，列表中显示符合查询条件的日志结果。

⑥（可选）若需打印报表或导出报表到本地文件夹，则单击打印保存下拉按钮，选择打印或保存。

5.1.3.2　告警管理

(1) 查询告警

在 ZENIC ONE R22 的告警监控页面，可通过以下 3 种方式快速定位到要监控的告警。

① 按自定义查询条件进行查询。

a）在 ZENIC ONE R22 网管主页面中，单击监控区域中的告警管理图标，打开告警管理窗口。

b）在告警管理窗口的左侧导航树中，选择当前告警→告警监控节点，打开告警监控窗口。

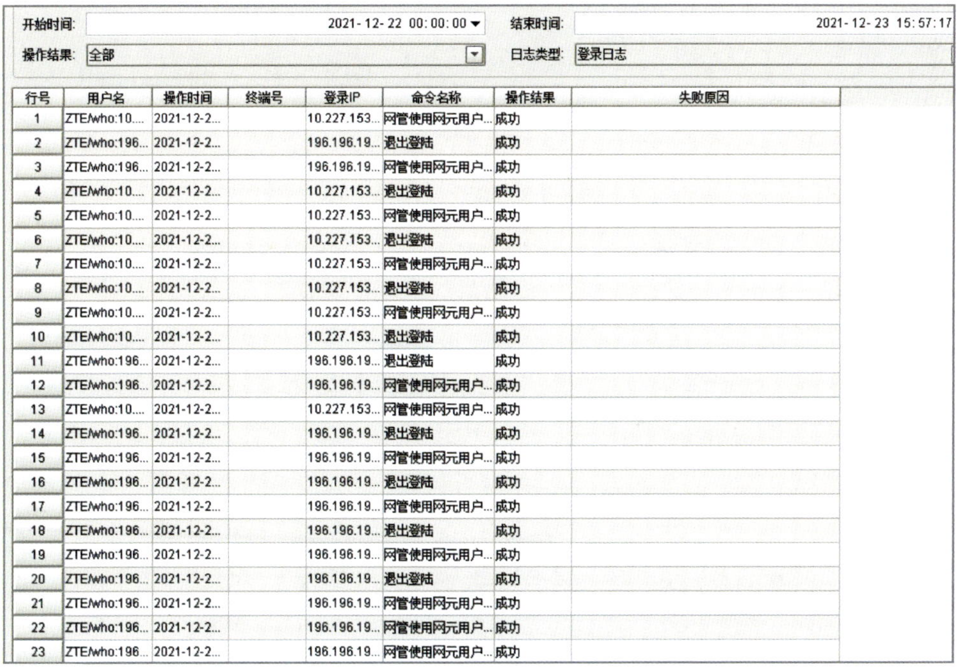

开始时间: 2021-12-22 00:00:00 结束时间: 2021-12-23 15:57:17
操作结果: 全部 日志类型: 登录日志

行号	用户名	操作时间	终端号	登录IP	命令名称	操作结果	失败原因
1	ZTE/who:10....	2021-12-2...		10.227.153...	网管使用网元用户...	成功	
2	ZTE/who:196...	2021-12-2...		196.196.19...	退出登陆	成功	
3	ZTE/who:196...	2021-12-2...		196.196.19...	网管使用网元用户...	成功	
4	ZTE/who:10....	2021-12-2...		10.227.153...	退出登陆	成功	
5	ZTE/who:10....	2021-12-2...		10.227.153...	网管使用网元用户...	成功	
6	ZTE/who:10....	2021-12-2...		10.227.153...	退出登陆	成功	
7	ZTE/who:10....	2021-12-2...		10.227.153...	网管使用网元用户...	成功	
8	ZTE/who:10....	2021-12-2...		10.227.153...	退出登陆	成功	
9	ZTE/who:10....	2021-12-2...		10.227.153...	网管使用网元用户...	成功	
10	ZTE/who:10....	2021-12-2...		10.227.153...	退出登陆	成功	
11	ZTE/who:196...	2021-12-2...		196.196.19...	退出登陆	成功	
12	ZTE/who:196...	2021-12-2...		196.196.19...	网管使用网元用户...	成功	
13	ZTE/who:10....	2021-12-2...		10.227.153...	网管使用网元用户...	成功	
14	ZTE/who:196...	2021-12-2...		196.196.19...	退出登陆	成功	
15	ZTE/who:196...	2021-12-2...		196.196.19...	网管使用网元用户...	成功	
16	ZTE/who:196...	2021-12-2...		196.196.19...	退出登陆	成功	
17	ZTE/who:196...	2021-12-2...		196.196.19...	网管使用网元用户...	成功	
18	ZTE/who:196...	2021-12-2...		196.196.19...	退出登陆	成功	
19	ZTE/who:196...	2021-12-2...		196.196.19...	网管使用网元用户...	成功	
20	ZTE/who:196...	2021-12-2...		196.196.19...	退出登陆	成功	
21	ZTE/who:196...	2021-12-2...		196.196.19...	网管使用网元用户...	成功	
22	ZTE/who:196...	2021-12-2...		196.196.19...	网管使用网元用户...	成功	
23	ZTE/who:196...	2021-12-2...		196.196.19...	网管使用网元用户...	成功	

图 5-11 网元日志查询

（图中“退出登陆”应为“退出登录”）

c）单击条件“查询”按钮，展开查询条件设置区域，设置查询条件，如图 5-12 所示。

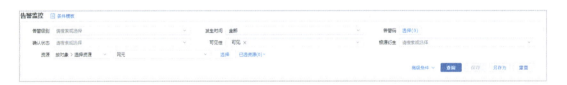

图 5-12 查询条件

d）单击“查询”按钮，显示查询结果。

② 按告警级别进行查询。

a）在告警主页面的导航栏选择当前告警→告警监控，打开告警监控页面。

b）按告警级别（严重、主要、次要和警告）分类查询，查询结果如图 5-13 所示。

③ 按已有查询条件进行查询。

a）在 ZENIC ONE R22 网管主页面中，单击监控区域中的告警管理图标，打开告警管理窗口。

b）在告警管理窗口的左侧导航树中，选择当前告警→告警监控节点，打开告警监控窗口。

c）单击列表左上角的条件模板，在下拉列表中选择查询条件，如图 5-14 所示，开始查询。

（2）确认告警

确认告警表示某条告警由当前用户跟踪处理，其他用户不需太多关注，确认后告警状态

图 5-13　查询结果

图 5-14　条件模板

变成已确认。

　　a）在告警主页面的导航栏，选择当前告警→告警监控，打开告警监控页面。

　　b）勾选当前页面显示的告警，可选择一个或多个，如图 5-15 所示。

图 5-15　选择确认告警

　　c）单击列表上方的"确认"按钮，如图 5-16 所示。

图 5-16　已确认告警

5.1.3.3 性能管理

(1) 创建测量任务

在性能测量任务中，维护人员可以指定需要进行性能测量的网元类型、测量对象类型、性能数据采集粒度，以及性能数据采集的时间段。测量任务创建完成后，网元会根据测量任务设定的条件，采集相关数据，上报到网管服务器。步骤如下。

① 在网管主页面中，单击监控区域中的性能管理，打开性能管理。在性能管理页面功能导航树中，选择菜单性能任务→测量任务，打开测量任务页面，如图 5-17 所示。

图 5-17　测量任务

② 单击"新建"，打开新建测量任务页面。输入名称，选择网元类型、测量对象类型和测量族，如图 5-18 所示。

图 5-18　选择测量族

③ 单击"下一步"，切换到选择对象页面，如图 5-19 所示。
④ 单击"下一步"切换到选择时间页面，设置测量任务的基本信息，如图 5-20 所示。
⑤ 单击"新建"按钮，完成测量任务的新建。新建的测量任务出现在测量任务页面中。

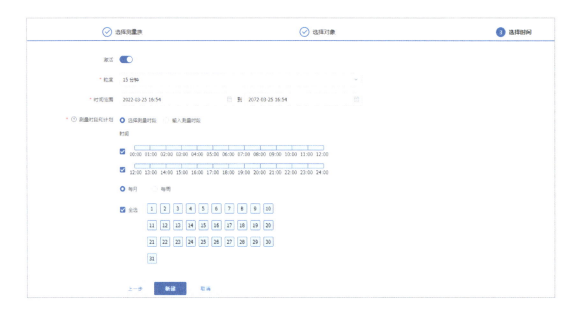

图 5-19 选择对象

图 5-20 选择时间

（2）创建性能门限告警任务

性能门限告警功能可以帮助维护人员实时掌握所关心的网络运行状况和质量。维护人员可以预先设置告警的门限值。当网元性能指标超过设置的门限值后，系统会自动产生性能门限越界告警，及时通知维护人员。性能门限告警任务监视的性能指标或计数器所在的测量族，需已经创建测量任务，并上报了性能数据。步骤如下。

① 在网管主页面中，单击监控区域中的性能管理，打开性能管理。在性能管理页面功能导航树中，选择性能任务→门限任务，进入门限任务页面。

② 单击"新建"按钮，打开门限任务的新建页面，基本信息区域如图 5-21 所示。

③ 单击门限设置旁边的新建普通门限按钮，弹出新建普通门限对话框，如图 5-22 所示。选择需要监控的计数器/指标，设置告警触发延迟的粒度，设置告警清除观察期的粒度。

④ 单击新建门限级别按钮，设置该计数器门限值。单击"新建"，设置的门限值出现在门限设置下方表格中，如图 5-23 所示。

⑤ 设置门限任务的新建页面中对象区域参数，如图 5-24 所示。

⑥ 在门限任务的新建页面中时间区域设置监控任务的粒度和时间范围，如图 5-25 所示。

⑦ 单击"新建"按钮，新创建的门限任务出现在任务列表中。

图 5-21　新建门限任务

图 5-22　新建普通门限

图 5-23　设置计数器门限值

图 5-24 选择对象

图 5-25 选择时间页面

(3) 性能数据查询

① 在网管主页面中,单击监控区域中的性能管理,打开性能管理。在性能管理页面功能导航树中,选择性能查询→历史查询,打开历史查询页面,如图 5-26 所示。

图 5-26 历史查询页面

② 单击"新建"按钮，页面右侧出现临时查询1区域框，如图5-27所示。

图5-27 临时查询1区域框

③ 单击选择计数器/指标，打开选择计数器/指标对话框，设置参数信息，如图5-28所示。

图5-28 选择计数器/指标对话框

④ 单击"确定"按钮，返回临时查询1区域框，设置参数信息，如图5-29所示。

⑤ 单击"查询"按钮，显示查询结果。

5.1.3.4 部件更换

部件更换包括主控板、业务板、电源板、光模块等，这里以更换业务板为例，学习部件更换方法。更换同类型业务板的操作流程如图5-30所示。

① 在现场观察待更换板的工作情况，包括面板闪灯和环境温度等信息。并在网管上执

图 5-29 临时查询 1 参数设置

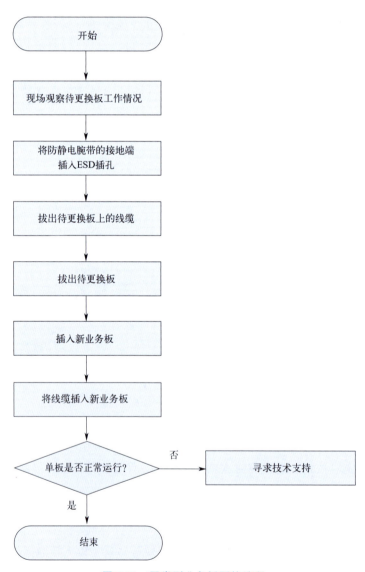

图 5-30 同类型业务板更换流程

行数据比较，确认设备和网管数据是否一致。

② 将防静电腕带的接地端插入插箱上的 ESD 插孔。

③ 在物理设备上将待更换的业务板的线缆拔出，并做好线缆标记。

④ 根据面板类型拆卸业务板。以拆卸全高业务板为例，如图 5-31 所示。

图 5-31　拆卸全高业务板

⑤ 根据面板类型安装业务板。

⑥ 将线缆正确地插入新业务板。

⑦ 观察业务单板指示灯状态，确认单板是否正常运行。若单板上 RUN 绿灯 ✅ 闪烁，ALM 红灯 ❗ 灭，则表示单板工作正常，且无告警。新业务板通电后，将从主控板自动加载程序并运行。

任务 5.2　故障处理

5.2.1　任务分析

当网络中出现故障时，需要及时正确地处理故障，消除给网络正常工作带来的影响。通过本任务的学习，应掌握 5G 承载网络故障处理流程，能够分析 5G 承载网络故障原因、处理常见的 5G 承载网络故障。

5.2.2　知识准备

5.2.2.1　故障定位原则

① 在定位故障时，先排除外部因素（如光纤损坏、电源问题）再考虑设备的故障。

② 先定位故障站点，再定位到具体单板。

③ 分析告警时，应先分析高级别告警再分析低级别告警。因为通常高级别的告警会抑制低级别的告警。

5.2.2.2　故障处理通用流程

故障处理的通用流程如图 5-32 所示。

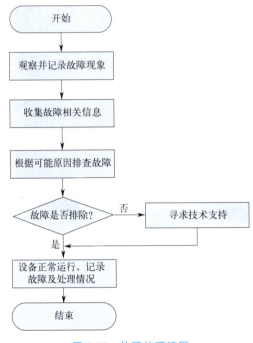

图 5-32　故障处理流程

5.2.2.3　故障常见原因

5G 承载网常见故障原因可分为工程问题、外部原因、操作不当和设备原因 4 类。

（1）工程问题

工程问题是指由于工程施工不规范、工程质量差等造成设备故障。例如，机房建筑质量差，不符合设备运行环境要求。

（2）外部原因

外部原因是指除传输设备以外导致设备故障的环境、设备因素，包括供电电源故障（如设备掉电、供电电压过低），光纤故障（如光纤性能劣化、损耗过高），光纤损坏，光纤插头接触不良，电缆故障（如中继电缆脱落、损断），电缆插头接触不良，设备周围环境劣化，光纤连接错位（如光接口插错）。

（3）操作不当

操作不当是指由于维护人员对设备的了解不够深入，做出错误的判断和操作，从而导致设备故障。在设备维护工作中，最容易出现操作不当导致的故障。尤其在网络改造、升级、扩容时，会出现新老设备混用、新老版本混用的情况，因为维护人员不够了解新老设备或版本之间的差别，常引发故障。

（4）设备原因

设备原因指由设备自身的原因引发故障，包括设备损坏和板件配合不良。设备损坏是指在设备运行较长时间后，因器件老化出现的自然损坏，其特点是：设备已使用较长时间，在故障之前设备基本正常，故障只是在个别站点、个别板件出现，或在一些外因作用下出现。板件配合不良是指设备各部件之间配合不顺畅，导致故障。

5.2.2.4 故障定位方法

（1）观察分析法

当系统发生故障时，将出现相应的告警信息，通过观察设备单板上的指示灯运行情况，可以及时发现故障。

故障发生时，系统会记录告警事件和性能数据信息。维护人员通过分析这些信息，并结合告警原理机制，初步判断故障类型和故障点的位置。通过网管采集告警信息和性能信息时，必须保证网络中各网元的当前运行时间设置和网管的时间一致。如果时间设置上有偏差，会出现对网元告警、性能信息采集错误和处理不及时的情况。

（2）仪表测试法

仪表测试法一般用于排除传输设备外部问题，为减小故障定位时对业务的影响，建议按照以下顺序使用仪表。

① 光功率计。使用光功率计精确测量该点光功率。

② 光谱分析仪。用光谱分析仪测试单板的光接口，直接从输出信号的光谱上读出光功率、信噪比，将得到的数据和原始数据比较，判断是否出现比较大的性能劣化。

如果受到影响的业务是主信道的所有业务，重点分析合分波子系统和光放大子系统单板的光谱。如果受损的业务只是主信道中的一路业务，重点分析光转发板、合分波子系统单板和光放大子系统单板的光谱。

③ 色散分析仪。对经过光纤传输的光信号进行色散分析。

④ 以太网测试仪表。对以太网业务性能指标进行测试。

⑤ 光时域反射仪（OTDR）。对光纤的长度、断点和损耗进行测量。

（3）拔插法

发现单板故障时，可以通过插拔单板或外部接口插头的方法，排除因接触不良或处理器异常产生的故障。拔插单板时应严格按规范操作，以免出现由于操作不规范导致板件损坏等问题。

（4）替换法

替换法指使用一个工作正常的物件替换一个怀疑工作不正常的物件，从而达到定位故障、排除故障的目的。物件可以是一段尾纤、一块单板或一台设备，替换法适用于以下情况。

① 排除传输外部设备的问题，如光纤、接入设备、供电设备。

② 故障定位到单站后，排除单站内单板的问题。

③ 解决电源、接地问题。

替换法操作简单，对维护人员要求不高，是比较实用的方法，缺点是要求有可用备件。

（5）配置数据分析法

设备配置变更或维护人员的误操作，可能会导致设备的配置数据遭到破坏或改变，从而发生故障。对于这种情况，可采用配置数据分析法分析故障。即在故障定位到网元单站后，分析设备当前的配置数据和用户操作日志，找出异常配置数据或误操作配置，并将其修改为正确配置。配置数据分析法可以在故障定位到网元后,进一步分析故障,查清真正的故障原因。但该方法定位故障的时间相对较长,对维护人员的要求高,只有熟悉设备、经验丰富的维护人员才能使用。

(6) 更改配置法

更改配置法是通过更改设备配置来定位故障的方法。该方法适用于故障定位到单个站点后,排除由于配置错误导致的故障。更改设备配置之前,应备份原有配置数据,同时详细记录所进行的操作,以便于故障定位和数据恢复。可以更改的配置包括通路配置、槽位配置、单板参数配置。例如,在升级扩容改造中,如果怀疑新的配置数据有误,可以重新下发原有配置数据来确定是否为配置数据的问题。

由于更改配置法操作起来比较复杂,对维护人员的要求较高,因此仅用于在没有备板的情况下临时恢复业务,一般情况不推荐使用。

(7) 经验处理法

在一些特殊的情况下(如由于瞬间供电异常、低压或外部强烈的电磁干扰),设备中某些单板的异常工作状态(如业务中断、监控通信中断)可能伴随相应的告警,也可能没有任何告警,检查各单板的配置数据可能也是完全正常的。此时,经验证明,通过复位单板、重新下发配置数据或将业务倒换到备用通道等手段,可有效地及时排除故障、恢复业务。

经验处理法不利于故障原因的彻底查清,除非情况紧急,否则应尽量避免使用。当维护人员遇到难以解决的故障时,应通过正确渠道请求技术支援,尽可能地将故障定位出来,以消除隐患。

5.2.3 任务实施

以 L3VPN 业务故障为例,学习 SPN 网络故障分析诊断方法,网络拓扑如图 5-33 所示。

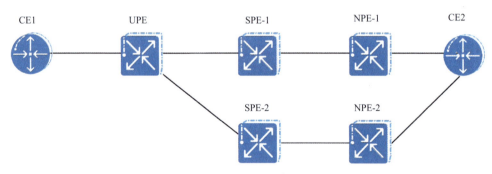

图 5-33　L3VPN 业务组网

(1) 原因分析

L3VPN 业务常见故障的原因分析如表 5-2 所示。

表 5-2　L3VPN 业务常见故障原因分析

故障现象		可能原因
无法获取 CE1 地址归属的 L3 边界点	L3VPN 无法获取到达 CE1 地址的用户侧路由归属节点	查询链路状态和配置: ①若状态和配置均不存在,则查询接口是否加入 CE2 地址。 ②若仅状态不存在,但配置存在,则查看出接口是否 down(代表不可用)/BFD down

续表

故障现象		可能原因
无法获取 CE2 地址归属的 L3 边界点	L3VPN 无法获取到达 CE2 地址的用户侧路由归属节点	查询链路状态和配置： ①若状态和配置均不存在，则查询接口是否加入 CE2 地址。 ②若仅状态不存在，但配置存在，则查看出接口是否 down/BFD（Bidirectional Forwarding Detection，双向转发检测）down
无法获取网络内部到达 CE1/CE2 的路径信息	UPE/SPE/NPE 节点缺失到达 CE1/CE2 的路由	查询链路状态和配置： ①若状态和配置均不存在，则查看该节点路由是否配置缺失，是否进行配置补齐。 ②若状态不存在，但配置存在，则需查看以下内容： a）配置的下一跳是否为不合法数据。 b）配置的下一跳所迭代的公网实体隧道是否失效（需通过 SR-TP 故障进一步定位）。 c）下一跳所迭代的非实体隧道是否失效（需通过 SR-BE 故障进一步定位配置）
	UPE/SPE/NPE 节点到达 CE1/CE2 的路由下一跳有配置，但是出接口为空	检查以下内容： ①配置的下一跳是否为不合法数据。 ②下一跳所迭代的公网实体隧道是否失效（需通过 SR-TP 故障进一步定位）。 ③下一跳所迭代的非实体隧道是否失效（需通过 SR-BE 故障进一步定位）
	UPE/SPE/NPE 节点到达 CE1/CE2 的网络侧路由下一跳为 X.X.X.X 对应 Y 节点，但 Y 节点无此 VPN 数据配置	①检查 UPE/SPE/NPE 节点路由是否配置错误。 ②检查 Y 节点是否出现了路由缺失配置
	UPE/SPE/NPE 节点到达 CE1/CE2 的用户侧路由下一跳为 X.X.X.X 对应远端 Y 节点，但 Y 节点无此接口数据配置	①检查 UPE/SPE/NPE 节点路由是否配置错误。 ②检查 Y 节点是否出现了路由缺失配置

(2) 故障诊断

① L3VPN 业务南北向故障诊断。在 SPN 网络中，常采用 Ping（Packet Internet Grope，因特网包探索器）、Trace 等方式对层次化 L3VPN 业务进行南北向故障诊断，如图 5-34 所示。

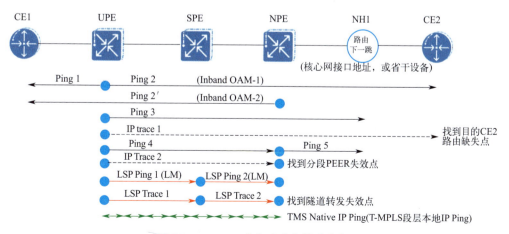

图 5-34　L3VPN 业务南北向故障诊断

根据 Ping、Trace 诊断结果判定故障点位置，如表 5-3 所示。

表 5-3 故障点判定参考表（南北向）

诊断结果	判据	可能故障点
SPN 域内正常，SPN 域外正常	Ping 2 通，Ping 1 通，Ping 2′ 通	—
SPN 域内正常，SPN 域外正常，UPE 故障	Ping 2 通，Ping 1 通，Ping 2′ 不通	UPE
SPN 域内正常，SPN 域外不正常	Ping 2 通，Ping 1 不通	UPE1-CE1
SPN 域内正常，SPN 域外不正常	Ping 2 不通，Ping 1 通，Ping 3 通，Trace 1 故障点在 NH1 外部	NH1-CE2 外部
SPN 域内（核心汇聚域）不正常	Ping 4 通，Ping 5 不通	NPE-NH1
SPN 域内（UPE-NPE）正常	Ping 4 通，Ping 5 通，Ping 3 不通	NPE
SPN 域内（核心汇聚域）不正常	Ping 4 不通，IP Trace 2 定位在 SPE-NPE 之间故障	SPE-NPE，进一步执行 L3VPN Peer 以及 LSP Trace 定位
SPN 域内（汇聚接入域）不正常	Ping 4 不通，IP Trace 2 定位在 UPE-SPE 之间故障	UPE-SPE，进一步执行 L3VPN Peer 以及 LSP Trcae 定位
SPN 域内（UPE-SPE）不正常	IP Trace 不通，LSP Ping 1 和 LSP Ping 2 通，且 L3VPN PEER 配置/状态准确	SPE

② L3VPN 业务东西向故障诊断。在 SPN 网络的不同域内，对 L3VPN 业务进行东西向故障诊断方式如图 5-35 所示。

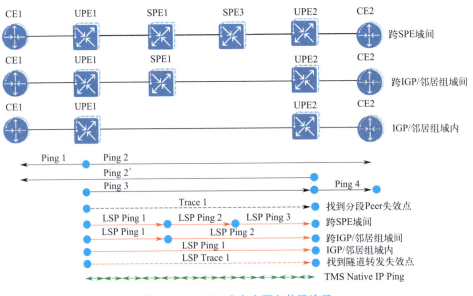

图 5-35 L3VPN 业务东西向故障诊断

根据 Ping、Trace 诊断结果判定故障点位置，如表 5-4 所示。

表 5-4 故障点判定参考表（东西向）

诊断结果	判据	可能故障点
SPN 域内正常,SPN 域外正常	Ping 1 通,Ping 2 通,Ping 2′通	—
SPN 域内正常,UPE1 故障	Ping 1 通,Ping 2 通,Ping 2′不通	UPE1
SPN 域内正常,UPE2 故障	Ping 2 不通,Ping 3 通,Ping 4 通	UPE2
UPE1-CE1 故障	Ping 1 不通	UPE1-CE1
UPE2-CE2 故障	Ping 4 不通	UPE2-CE2
SPN 域内（Peer 间）不正常	Ping 3 不通,Trace 1 看到故障 Peer	Peer 之间进一步 LSP Ping/Trace
SPN 域内(SPE)不正常	Ping 3 不通,每一分段 LSP Ping 正常,L3VPN Peer 配置/状态准确(Peer 标签一致性)	分段之间的 SPE

项目测评

一、选择题

1. 日常维护包含以下哪些内容？（　　）
（A）安全管理　　（B）告警管理　　（C）性能管理　　（D）部件更换

2. 以下关于性能管理的描述中，错误的是（　　）。
（A）维护人员通过 EM 服务器创建性能测量任务，EM 服务器将该任务下发到 NF
（B）NF 会按性能测量任务中指定的粒度和其他条件上报性能数据给 EM 服务器
（C）EM 服务器保存 NF 上报的性能数据
（D）维护人员通过 EM 客户端访问 EM 服务器并查询性能数据，NF 的性能数据按照用户的定制查询条件展现在客户端上

3. （　　）级别的告警表示系统存在不影响正常业务的因素，但应采取纠正措施，以免出现更严重的故障。
（A）严重　　（B）主要　　（C）次要　　（D）警告

4. （　　）用于对光纤的长度、断点和损耗进行测量。
（A）光功率计　　（B）光谱分析仪　　（C）OTDR　　（D）色散分析仪

5. （　　）属于 5G 承载网故障的外部原因。
（A）供电电源故障　（B）光纤故障　　（C）电缆故障　　（D）数据配置错误

二、简答题

1. 简述 5G 承载设备部件更换的操作流程。
2. 简述常见的 5G 承载网故障定位方法。

参考文献

[1] 李光,赵福川,王延松.5G承载网的需求、架构和解决方案[J].中兴通讯技术,2017,23(5):56-60.
[2] 王丽莉,姚军.5G传输网络承载方案分析[J].电信科学,2019,35(7):7.
[3] 马培勇,吴伟,张文强,等.5G承载网关键技术及发展[J].电信科学,2020,36(9):9.
[4] 万芬,余蕾,况璟,等.5G时代的承载网[M].北京:人民邮电出版社,2019.
[5] 徐爱波,金从元,何琼,等.5G承载网络运维-高级[M].北京:人民邮电出版社,2022.
[6] 王元杰,杨宏博,方遒铿,等.电信网新技术IPRAN/PTN[M].北京:人民邮电出版社,2014.